地域資源を活かす

八重樫良暉
猪ノ原武史 ほか 著

生活工芸双書
桐《きり》

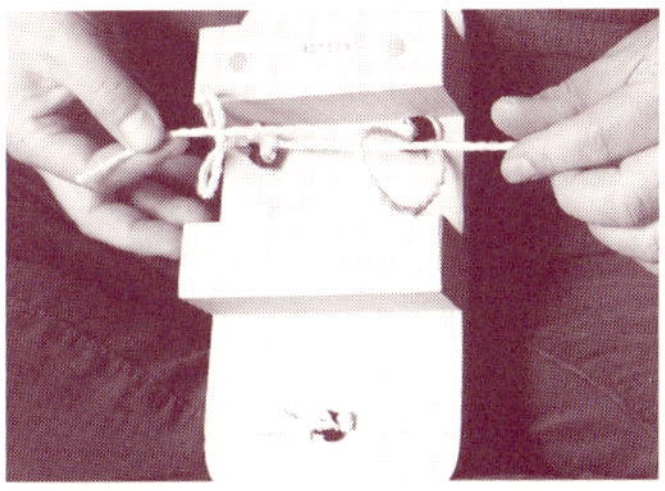

農文協

植物としてのキリ

●花の季節をむかえた桐の巨木
千葉県松戸市の郊外、畑の脇に植えられた樹齢70年以上と思われるキリの巨木。近くに住む60代の人も、由来はよく知らないが、自分が子どもの頃からあるという

●屋敷回りに植えたキリ
昔は「娘が生まれたら桐を植えよ」といわれた。生長が早く、15～20年でたんすや家具の材料にできる。ただ、キリを曲がりのない通直な木にするには、芽かきや草刈りなどまめな管理が必要で「手塩にかけて」育てよという意味もあったようだ

●キリの花

●花で見分ける
ニホンギリとチョウセンギリの花びら（花冠）。内部に紫の線や斑点があるのはニホンギリ、斑点がないのがチョウセンギリ

●ニホンギリの花冠

●チョウセンギリの花冠

桐を育てる

実生苗

●キリのつぼみと実

●落葉後の実生苗
ここまで生長すれば、翌年分根し苗木採取も可能

●実生から発芽生長したキリ
稚苗期は病気にかかりやすい

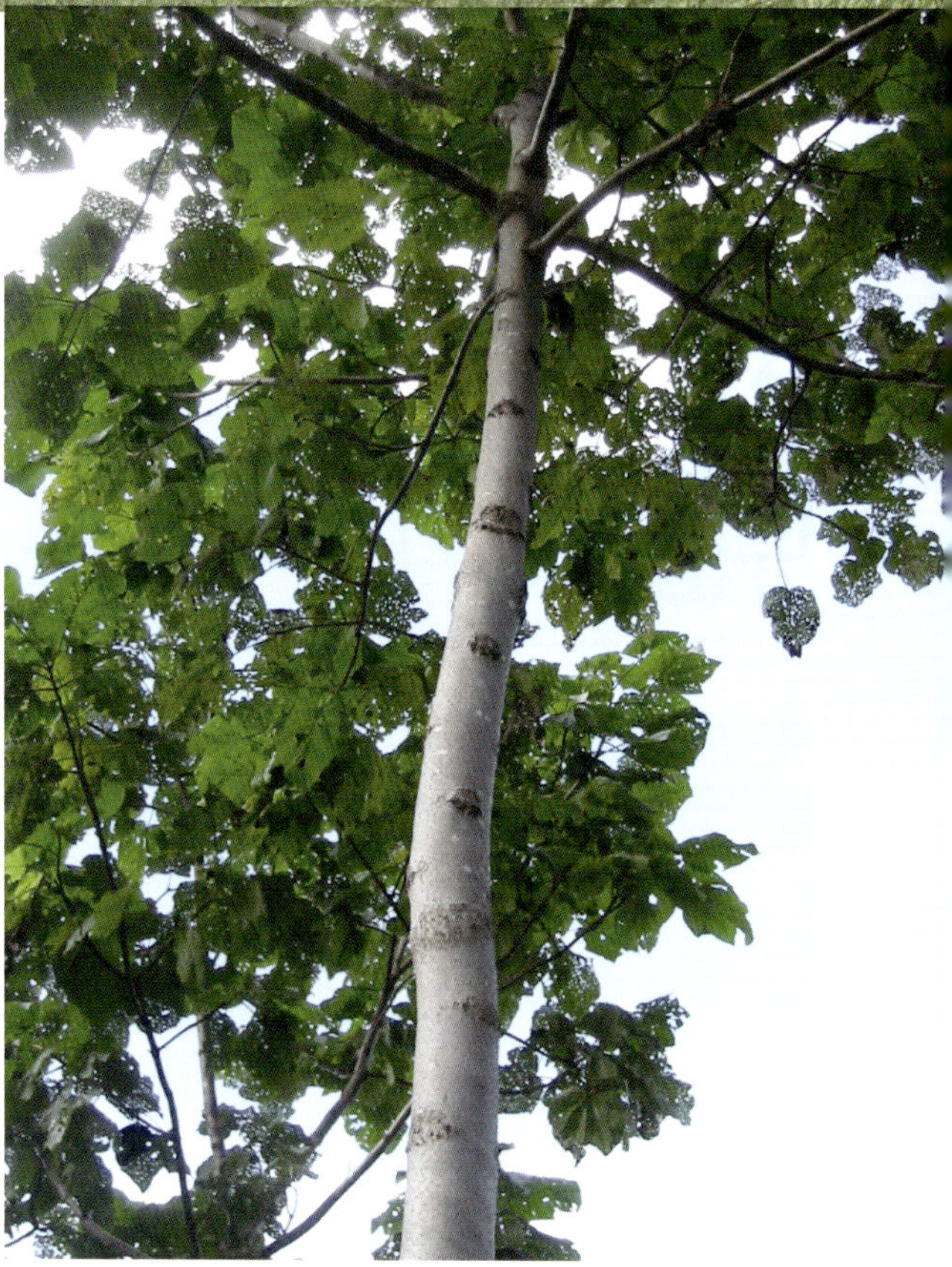

●５年生のキリの木　枝芽をかいたあとがわかる

定植後の管理

●草刈り
梅雨から夏にかけて最低4回。虫害の回避には不可欠

●芽かき
葉が出るとその下に側枝となる枝芽が出る。この枝芽を確実にかかないと通直な木にならない

８月は旺盛な生長を遂げ、１週間に20㎝以上伸長するものも

●胴枯れ
苗木由来の胴枯れをトップジンを塗布で処理

分根苗

●分根の採取
親指程度の太さで10～15cmを採取し、トップジンを塗布して埋土

●分根苗の茎立ち

●苗木の横根の状態

落葉したら掘り取って苗木にする

はじめに

福島県奥会津の三島町で毎年６月に開催される「ふるさと会津工人《こうじん》まつり」の賑わいには驚かされます。地元の山ブドウの蔓《つる》などで編んだ組編み細工の籠《かご》や笊《ざる》が、数万円から20万円台のものまでどんどん売れています。隣の昭和村では「からむし」という草で編んだ帽子が１個２万５０００円だそうですが、これも地元の直売所で評判を呼び、帽子づくり講座も開催されているそうです。地域にある自然素材を使い、手づくりした工芸品に対する人々の関心の強さを感じます。とくに若い世代と女性たちが際立っています。

高度経済成長期、人々は所得倍増のスローガンにひかれ、村を出て都会へ都会へと流れました。気がつけば村に人はいなくなり、地域資源は放置され、その利用技術も忘れ去られようとしていました。ところが、１９９０年代後半から低成長時代へ移行するなかで、各地に農産物直売所ができ、農作物をはじめ地域産物が自由に販売交流され始めると、がぜん流れが変わります。若い世代は田舎暮らし志向を強め、定年世代にも「田園回帰」を考える人が増えてきました。経済成長期に失ったものを取り返すような動きです。

「自らの手で種から育ててつくり出すという行為は、産業革命以前までの人間の歴史をさかのぼることとなり、人間が得てきたものや失ってきたものを認識し、再評価することになるのではなかろうか」（大石尚子『ワタの糸と布』）。この言葉は、手づくりのものに愛着を感じ、田園回帰志向を強める時代精神を言い当てているかのようです。

こうした状況をふまえ、かつての日本人のくらしに身近だった地域の植物を見直し活かすための便《よすが》として、私たち農文協では「生活工芸双書」を企画しました。

本書では桐を取り上げます。かつては「娘が生まれたら桐を植えよ」といわれました。屋敷回りや畑の脇などに植えられて、枝芽かきなどの手間をかけて育てられた桐の木。もちろん、南部桐、会津桐、津南桐のように、桐の産地もありました。1970年代前半には、1㎥10〜15万円の異常な高値となり、植栽面積も1600haを超えたのですが、その後の外材輸入などで激減します。ただ、乾燥すると重量は原木の3分の1になる桐は、軽量で扱いやすく、吸湿性にすぐれて虫もつきにくいため、たんす、下駄、茶の容器のほか、琴や獅子頭などに活用されてきました。

夏の盛り、桐の生長はまさに草のようで、1週間に20㎝も伸長します。著者で、福島県三島町のキリ栽培家の五十嵐馨さんは、夏の草刈りと十分な堆肥補給、そして枝芽かきを徹底することをすすめています。

こうして育てられた桐材を使って、三島町では桐製品を生産しています。桐材のサーフボード開発などで注目される会津桐タンス㈱の板橋充是さんに、桐たんすの製法をまとめていただきました。茨城県も昔から桐製品の産地として知られています。筑西市で桐下駄の新作をつくり続ける「桐乃華工房」の猪ノ原武史さんには、桐の駒下駄の製法を、石岡市の高安桐工芸の高安尚訓さんには、桐箱の製法を執筆いただきました。

植物としてのキリや、その利用の歴史については、岩手県の林業試験場時代から桐の研究者として知られた、八重樫良暉先生の生前の著書を再編転載させていただきました。また、桐栽培の研究者だった元新潟県立新発田農業高校教諭の熊倉國雄先生（故人）の著書からも、その蓄積を活用させていただきました。お二人をはじめ執筆いただいた方々には深く感謝申し上げます。

本書を通じ桐材の見直しが進み、地域での植栽が広がり地域活性化の一助となれば幸いです。

農山漁村文化協会

2018年2月

生活工芸双書　桐《きり》　目次

4章 桐材を加工する …… 77

1章

キリはどんな植物か

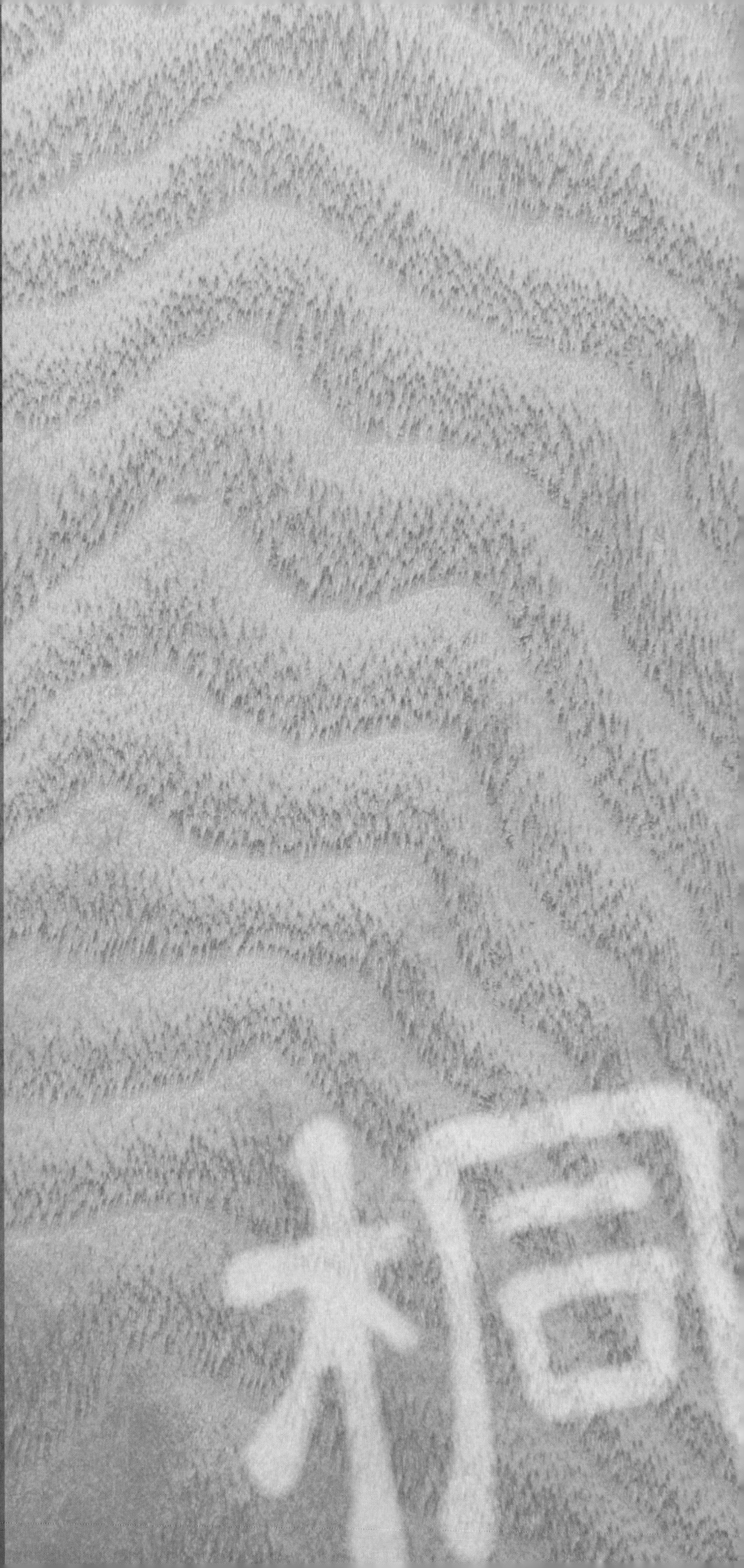

植物としての特徴

●キリの原産地・分布

キリはもともと、アジア大陸東部の原産であり、わが国には自生せず有史以前に渡来したというのが、おおかたの植物学者の通説である。現在わが国で植栽されている品種は、ニホンギリ、チョウセンギリ、ラクダギリ、ウスバギリの4品種と考えられる。

これらは、花の内側の紋様、あるいは樹形、樹皮などから識別ができる。このなかで広く見られるのはニホンギリ、チョウセンギリ、ラクダギリである。

一方、キリの原産地である中国には、北緯20°の海南島から40°の遼寧省まで分布があり、品種として10種内外に分類されている。

倉庫脇のキリの木(福島県三島町)

ニホンギリの着花状況(千葉県松戸市)

●古代の文献にみる日本のキリ

文献上のわが国における初出は『万葉集』に見られる。聖武天皇の時代(8世紀前半)に成立したとされる巻第5、雑歌の部に、「大伴淡等《おおとものたびと》謹しみて状す。帥大伴卿梧桐《ごとう》の日本琴《やまとこと》を中衛大将《ちゅうえのだいしょう》藤原卿に贈り給へる」とある。

桐でつくった和琴とともに贈られた書状には、「梧桐の日本琴一面、対馬の結石山《ゆうしやま》の孫枝《ひこえ》なり、此琴夢に娘女《をとめ》に化《な》りて曰

く 云々」と、淡等(旅人)が夢で見た琴の精である乙女との会話から始まり、以下の歌二首が添えられた。

「いかにあらむ 日の時にかも 声知らむ 人の膝の上 我が枕かむ」(いつの日、どんな時になったら、私のこの音色を聞き分けてくださる立派な方の膝の上に、私は枕することができるのでしょうか)

「言問《こと》はぬ 木にはありとも うるはしき 君が手馴《たな》れの 琴にしあるべし」(言葉を言わない木であっても、立派なお方が大切にしてくださる琴となるに違いないでしょう)

また平安初期、深根輔仁《ふかねすけひと》(醍醐天皇の侍医)撰という『本草和名《ほんぞうわみょう》』(現存する最古の和漢薬名辞典)巻第14、木の項に「和名岐利乃岐《わみょうきりのき》」とある。

その点、古くから文字のあった中国の紀元前3世紀頃に成立した百科事典『爾雅《じが》』(中国最古の辞書)には、槻梧・栄桐木とあり、キリを示すという。さらに種類や栽培法についても、後魏の時代の『斉民要術《せいみんようじゅつ》』(532〜549年頃成立)、宋の時代の『桐譜』(1049年)などに詳しい記述が見られる。

●植物学上のキリ

一般の植物について、その分類が現在の形態を整え、学名で世界的に統一されたのは、1867年、パリで開催された第1回国際植物会議における万国植物命名規約によるとされている。その分類の基本となったのは、スウェーデンの植物学者リンネ(Carl von Linne, L. と略記される)による『植物の種(Species Plantarum)』(1753年)の分類表であった。

一方、わが国で植物分類の先鞭をつけたのは、1708(宝永6)年に『大和本草《やまとほんぞう》』を著した貝原益軒であるともいわれる。その中に「白桐」について「荏桐《えぎり》は油桐なり、海桐《とべら》はハリありハウダラと云、梓も楸《ひさぎ》も皆桐の類也。又犬キリと云ものあり、其《も》木理《くり》(木目のこと)朴ノ木の如し。これ白楊なり、是も器に作るべし、赬桐《ひぎり》はヒギリ也、花紅なり、ケラノ木あり、実紅なり、是皆一類也」とある。これらの現代名では、油桐、栓《せん》(ハリギリの別名)、梓、白楊、赬桐、イイギリとなり、科も異なるが、共通する点は材の木目、色沢《いろつや》が一見類似していることである。

わが国のキリを初めて欧州に紹介したのは、1690(元禄3)年に来日したドイツ人医師ケンペル(Engelbert Kaempfer)であり、帰国後に

ケンペルが紹介したキリの図版

著述した『Amoenitatum Exoticarum』（１７１２年、邦訳『廻国奇観』あるいは『異国の魅力』）において、第５分冊目に１４７ページにわたり、滞日中に採集した日本の植物３４６種をラテン語で説明し、その中でキリについては図版を挿入して説明している。これはリンネの『植物の種』以前のことであり、日本名「桐」Ｋｅｒｉ及びＴｏｏ《トウ》（桐の音読み）と記してある。

　リンネ以降のキリの分類で本格的な発表は、スウェーデンの植物学者ツンベリー（Carl Peter Thunberg Thunb. と略記される）が著した『日本植物誌（Flora Japonica）』（１７８１年）に見られるものであり、この標本は日本人収集家によって長崎県で集められたという。その学名はビグノーニア・トメントーサ（Ｂｉｇｎｏｎｉａ Tomentosa）と命名されている。

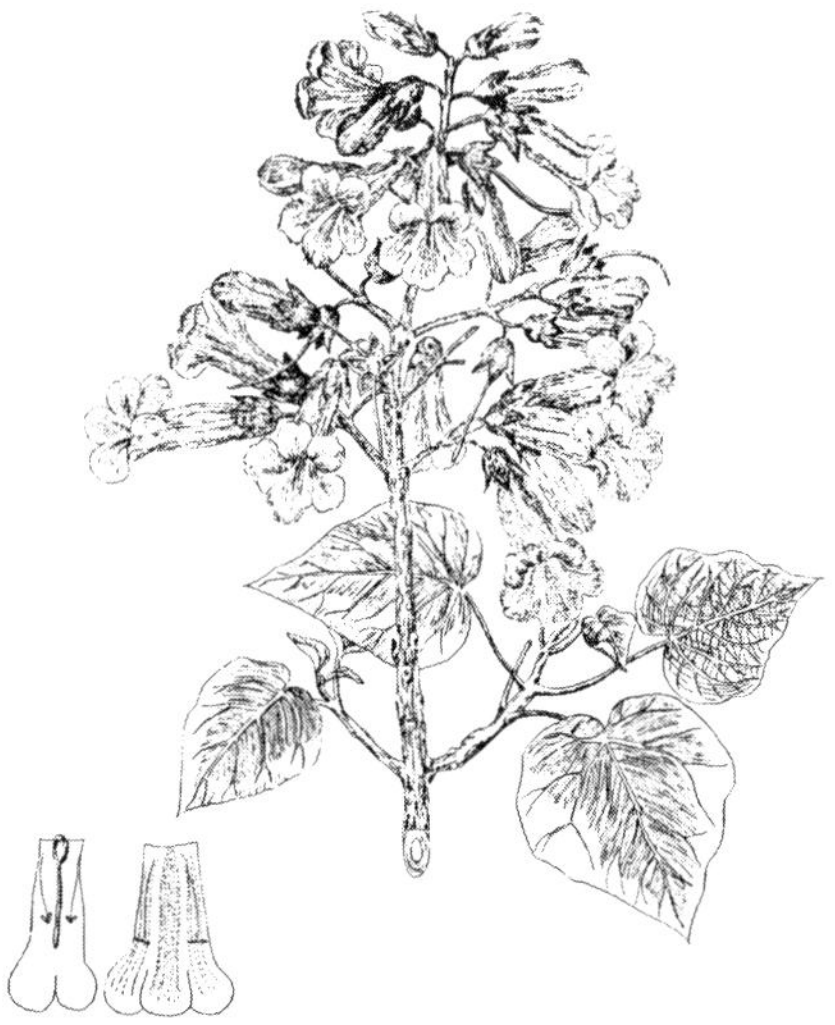
ツッカリニの「日本植物誌」のキリと花

　その後、オランダ東インド領の軍医であったドイツ人シーボルト（Ｐｈｉｌｉｐｐ Franz von Siebold）が１８２３～１８２９（文政６～12）年まで日本に滞在し、帰国後、ドイツの植物学者ツッカリニ（Joseph Gerhard Zuccarini）に日本の植物についての記述を委ね、シーボルトとの共著として、前書と同名の『日本植物誌（Flora Japonica）』（１８３８～１８４７年）を発行し、その中でキリの花や実の形態から最も類似する植物はゴマノハグサ科であることを提案し、学名をパウロニア・インペリアリス（Paulownia imperialis Sieb. & Zucc.）とした。

　植物分類学上、現在のキリの位置づけは、被子植物 真正双子葉類 コア真正双子葉類 キク類 シソ目キリ科キリ属であり、キリの学名は Paulownia tomentosa (Thunb.) Steud. とされている。

●キリ属の仲間

　今までのわが国の参考書では、キリの種類として、ニホンギリ、ココノエギリ、タイワンギリ、ラクダギリがあるとされ、ラクダギリはニホンギリと中国ギリの交雑種ともいわれている。

　しかし、これらの記述では、現物と照合しようにも分布地域の片寄りもあって、その違いを知ることは困難であった。辛うじて桐材を扱う業者間で、材質の劣るラクダギリと地ギリとの

表1 キリの種区分

和名	ニホンギリ	チョウセンギリ	ノッポギリ	ココノエギリ	タレハギリ	ラクダギリ	ナンポウギリ	ウスバギリ	タイワンギリ	シセンギリ
中国名	毛泡桐	毛泡桐	蘭考泡桐	白花泡桐	楸葉泡桐	不　明	南方泡桐	海島泡桐	台湾泡桐	川泡桐
準拠出典書名および年度 ＼ 学名	Paulownia tomentosa (thunb)Steud	P. ※ coreana Uyeki	P. ※ elongata S.Y.Hu	P. ※ fortunei (Seem)Hemsl	P. catalpifolia Gong Tong	未記載	P. australis Gong Tong	P. taiwaniana Huet Chung	P. kawakamii Ito	P. fargesii Franch
大日本植物図彙 伊藤篤太郎,1912	○			○					●	○
水原高農学術報告(1) 植木秀幹,1925	○	●		○						○
中国樹木分類学 陳　嶸,1958	○			○					○	○
台湾博物館報告(12) 胡秀英,1961	○	▲	○	○					○	○
台湾大学植研報(20) 胡大維・張恵珠,1975				○				●	○	
植物分類学報14(2) 龔　彤,1976	○		○	○	●		●		○	○
泡桐研究 林業科学院 商丘林業局共編,1978	○		○	○	○		○		○	○
日本林学会講演集(90) 熊倉國雄,1979		○		○	○	○		○	○	
林業科学(3) 竺肇華他,1981	○		○	○	○		○	○	○	○
中国の桐(栽培と利用) 竺肇華他,1986	○		○	○	○		○	○	○	○
摘　要	和名のニホンギリは一般にキリとして通用。ここでは他と区別するためニホンギリとした。●印＝新記載種　▲印＝変種　○印＝その他の既知種　※学名として認定されていない									

区別をなし、価格面で差をつけているだけであり、キリについてはほとんど一種だと考えていたのであった。

第二次世界大戦後、今までのキリに比較して生長が速く、10年足らずで伐採利用ができる品種という業者の宣伝で、タイワンギリまたはココノエギリ(現在のウスバギリの誤称)と称する苗木が、東北地方にも広く販売されたことがあった。

それに飛びついた栽培者は、確かに1年目の生長はよく、伸長するものの、冬の寒さで梢頭《しょうとう》部が枯れ、2年目も萌芽してはまた枯れるという現象を繰り返し、結局は枯死するという苦い経験をした。

キリの品種について文献から拾ってみると、中国の南京農業大学林学科の陳嶸教授が著した『中国樹木分類学』(1958年)ではキリ属を8種、2亜種に分類している。また植物学者の胡秀英女史(中国系アメリカ人、アーノルド植物園研究員)が台湾省立博物館(現・国立台湾博物館)から発表した『泡桐属総論』(1961年)には、世界のキリ属に18種、3変種もあるが、同名異種や異名同種もあり、結局は6種、2変種に集約されるだろうとしている。

そこで既往の文献から、その種類について主なものを集録すると、表1のようになり、これからすると、10種程度に区分されると考えられる。

おもなキリの種類

●ニホンギリ

これはキリ属の中で最も早く外国に紹介され、欧州に移植された種類でもあった。1712年にケンペルによって、その花の図とともに『廻国奇観』に記載され、1781年にツンベリーによって、その著『日本植物誌』に「ビグノーニア・トメントーサ」と命名記載された。

その後、1838年にシーボルトとツッカリニによる『日本植物誌』において、パウロニア・インペリアリスと命名されている。これには「われわれが東洋で見つけたキリの花の美しさから、新しい種名をつける権利を持っている。そしてオランダの気高い王妃であるアンナ・パウロニア(Anna Paulownia)への敬意を表し、パウロニア王妃の樹とする」としている。シーボルトの東洋への派遣は、オランダ政府の援助によるものであり、それに報いるための命名だったのである。

さらに、日本人の生活や文化にふれてキリを説明し、キリは美しい木というだけではなく、日本で有名な豊臣秀吉の紋章にもその葉があしらわれているなどと記し、学名をパウロニア・インペリアリスと命名したという。

その前に、ドイツのヘール大学教授であるスプレンゲル(Kurt Sprengel)は1828年にリンネの著書を編集しており、ツンベリーによるビグノーニア属を、インカアウイリア属(Incaruilea)に移しているが、この組み合わせは妥当ではなく一般化しなかった。

オーストリア人で、ウィーン植物園長であったエンドリッヒ(Stephan Ladiolaus Endlicher)は、植物分類に初めて体系的組織を取り入れたが、1839年の著書で、キリをキンギョソウ目のゴマノハグサ科に配置した。これはシーボルトらの著書の記載と近似した考えによるものであり、その著書を読んでいな

写真1　ニホンギリの花（写真：福島県三島町産業建設課、以下※はすべて）

写真2　ニホンギリの花冠構造※

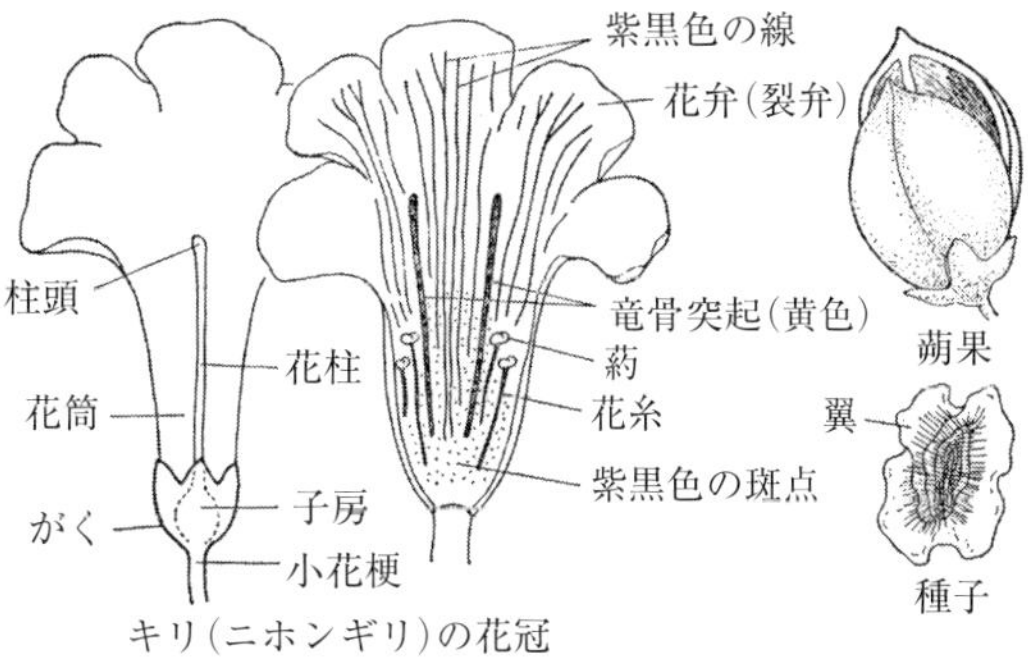

図3　キリの花と蒴果実(熊倉國雄「キリ—よい材質の仕立て方」より)

い学者間でも信用されて、キリの植物分類学上の位置づけがほぼ確立された。

その後1841年に、ドイツの医者で植物学者でもあるスチュードル(Ernst Gattlied Steudel)は、ツンベリーのビグノーニア属、スプレンゲルのインカアウイリア属をパウロニア属に移し、植物学名をパウロニア・トメントーサ(ツンベ)、スチュードル(Paulownia Tomentosa, (Thunb.) Stud.)とした。この種は花冠内部に十数本の紫線を有する(写真1、2)(図3)。

●チョウセンギリ

1925(大正15)年、現在の韓国ソウル市郊外にあった水原高等農林学校教授の植木秀幹氏が、その地方で栽培されているキリについて調査し、同校の学術報告書第1号に発表した。

報告によると、ニホンギリ、ココノエギリ及び中国に分布する紫桐、川桐、光桐などと比較し、類似しているのは紫桐であるが、花冠に点のないこと、ニホンギリよりも木材は重く、比重0・36~0・39という数値を示すなどの特徴を述べ、葉及び花冠図を記載して学名をパウロニア・コリアナ(Paulownia Coreana Uyeki)と命名したものである。

和名のチョウセンギリは、韓国原産ということではなく、学名に起因している。桐栽培の研究者である熊倉國雄氏によると、わが国のキリの産地という地域には、申し合わせたようにニホンギリとともに分布し、その割合は異なるが、チョウセンギリを和桐と呼ぶ地域もあるという。

ニホンギリとの識別は容易で、花冠内部に紫線や斑点のないのが特徴である(写真3、4)。

写真3　チョウセンギリの花※

写真4　チョウセンギリの花冠構造※

●ラクダギリ

ニホンギリなどと比較すると生長が速く、20年生で胸高直径（成人の胸の高さ1・2〜1・3mの位置での立木の直径）が40〜50㎝にも達し、同時に植えたニホンギリの2〜3倍も生長する。このラクダギリは、大正年代に出版された北川魏氏の『桐栽培法』などの著書には見当たらないが、1933（昭和8）年の「大日本山林会誌」の第611号に記載されたキリの座談会記事にラクダギリの名が見られる。それによると、大正5〜6年頃から植えられたラクダギリが伐採期を迎え、材が出回っているが、材質が劣り価格も安いという。

1935年開催の全国キリ苗木品評会では、出品点数235点の苗木のうち20％がラクダギリだったという記録もある。

このように以前は、一部の地方の桐材業者間で交わされていた呼称がラクダギリで、一般に注目され始めたのは昭和初期であろう。ちなみに、このラクダというのは、小学館発行の『日本国語大辞典』によると、動物の駱駝《らくだ》ではあるが、江戸時代、形ばかり大きくて品質の劣るものの形容であったという。

地方によっては軟らかくて、火もちの悪い木炭をラクダ炭といい、また夏の暑さで溶けるようなローソクをラクダローソクともいう。

『植物方言集』には、ラクダイモというのがあり、新潟県あるいは長野県の一部で、山イモのことをいうとあるが、植物随想で著名な宇都宮貞子氏の『草木ノート』（1970年、読売新聞社）によると「ラクダイモというのは、ナガイモ（ヤマイモ）に似ているが栽培するイモだ。ナガイモは餅みたいに粘る。出し汁でうすめてのばさねば食べられない。それも一気に入れないで、少しずつだましだまし入れて伸ばす。一時間もかけてゆるめる」と記している。ヤマイモの硬さを説明する一方で、ラクダイモの軟らかさを示しているともいえそうだ。

このように、「ラクダ」という言葉の持つ意味合いから推測するに、キリについても同様に、「在来のキリと異なって、その材質が軟らかく質の劣るもの」を一般にラクダギリといったのである。

伐採時の重量は、ニホンギリに比較して重く、普通1玉《たま》（玉は桐材の単位。後述）の丸太は一人で肩に担いで運べるが、ラクダギリは一人で運べない。それで馬の背に積んで運ぶ際に、荷が重く、落駄（らくだ）するキリという説もあって、名前の由来は興味深い。

このラクダギリは花冠内部に10本の紫線を有する。

●ウスバギリ

「台湾山林会報」第32号（1928年）と第77号（1932年）に、台中州の林業経営者・頼雲祥氏は、台湾におけるキリ栽培をとりあげており、それによると、台湾に自生するキリとして、厚葉桐（アツバギリ）、すなわちタイワンギリのこと、ほかにカワカミギリ（Paulownia Kawakami）とココノエギリ（Pawlownia Fortunei）及び薄葉桐（ウスバギリ）があるとし、この中で薄葉桐は最も経済的な栽培に適し、一般に植えられるようになったと記している。

台湾では、比較的高山地帯にキリの自生が見られるので、低地において栽培すると生育が不良となることが多く、1918～1919（大正7～8）年頃から、どのような品種が栽培に適するのか模索中であった。

同氏はたまたま1921年、天然生ギリの中からウスバギリを発見し、分根で苗木を養成して植栽したところ、台切り1年で4～5mとなり、3年目に6m、10年目では目通り（人の目の高さの位置での木の直径）54㎝、樹高18mに達したことから、ほとんどウスバギリを植えるようになった。しかしこのウスバギリには、学名がなかったこともあって、最近まではわが国において、ココノエギリあるいはタイワンギリと同種と考えられ、その名称は混同されて伝えられていた。

これが1975（昭和50）年、台湾省林業試験所の胡大維、張恵珠の両氏によってパウロニア・タイワニアナ（Paulownia Taiwaniana Hu & Chang）の新種名が発表されたため、五十数年を経て頼雲祥氏の説が裏付けされたものである。わが国に初めてこの種の種子が導入されたのは1935年頃であった。当時の全国桐材業連合会会長の恩田亀太郎氏によってもたらされ、国立林業試験場において、明永久次郎、佐藤敬二、小野陽太郎氏らにより、播種育苗されていたのである。

ウスバギリは花冠内部に大小の黒紫色の斑点が見られる。

●ココノエギリとタイワンギリ

ココノエ（九重）ギリの名称は、盛岡高等農林学校校長で林学博士の上村勝爾氏の著作『樹木百話』（1918年）によると、台北大学教授の伊藤篤太郎理学博士が、その花の形状が皇室の紋章に似ていることから、九重ギリとしたと述べている。発見当時の1910（明治43）年に発行された台湾の新聞に、伊藤博士の談話が載っている（以下、要約）。

「このたび、台湾において発見された九重ギリの花は、従来のキリの花が紫色であるのとは違い、白色の高尚な美しさを持つものである。花の大きさも普通のキリの2倍以上、実も大きく、長楕円形で、世界中にあるキリのうち、壮麗・優美さは第一である。発見・採集した台湾総督府技師・農学士川上瀧弥氏より、これが新種であるかどうか調査を委託されたので、研究に着手した。私は本邦在来のキリはもちろんのこと、従来から知られている世界のキリを調べ、まったく別の新種であることを知った。そして、この九重ギリをパウロニア・ミカド(Paulownia Mikad Ito)と命名したのである。

九重ギリのほかに、台湾において1品種をやはり川上技師が採集した。これは台湾にちなんでタイワンギリと命名した。本邦在来のものに似ているが、花も実も小さく、小花枝が有柄なものと違っているため新種と認定、その名をパウロニア・カワカミ(Paulownia Kawakami)と命名した」

この2種類のキリについての調査研究報告は、1912(大正元)年にラテン語・英語・日本語の3か国語で報告されている。

しかし現在、和名としてのココノエギリ及びタイワンギリ、別称としてカワカミギリと呼称されるが、ココノエギリの学名パウロニア・ミカド(Paulownia Mikado)は、英国人のフォルチュン氏(Robert Fortune)が1867年に中国で採集したパウロニア・フォルチュネイ(Paulownia Fortunei)と同種のものと判断され通用しない。

●北のキリ・南のキリ

ほとんどの植物は暖地から寒地に移植すると、寒さや凍害のため生長が劣り、枯死することは通常見るところである。反対に寒地から暖地に移植すると、かなりの範囲で生育可能とはなるが、思わぬ病害や虫害によって死滅してしまう例が多い。

キリについて、初めてこのような報告をしたのは、台湾の頼雲祥氏である。同氏が日本内地に留学中、東北地方のキリ栽培が有利なことに着目し、1918~19(大正7~8)年にかけて、1000本ずつ内地のキリ苗木を台湾に取り寄せて植栽したが、植栽1年目は、台湾の気候でも伸長は極めて良好で、2・4~2・7mにも生長したが、翌年は生長を停止し、3年目には退化萎縮の状態となったという。台湾にニホンギリが導入植栽された例はほかにもあったが、いずれも数年を経ずして枯死し失敗に終わっている。その原因は高温の障害だとしている(台湾山林会報第77号、1932年)。

長い間、なぜニホンギリを亜熱帯地方に移植すると、生長しないのかという疑問が解明されないままに経過していた。

これについて国立林業試験場(当時)の飯塚三男氏の報告がある。氏は、1977(昭和52)年に、赤道に近いインドネシアのスラウェシ島(旧名セレベス島)に、キリ栽培の指導に行き、その調査結果を次のように報告している。

スラウェシ島のキリ栽培地は、海抜高１４００m、年平均気温は18℃、最高気温27℃、最低気温14℃、年降雨量５０００㎖という気候条件であり、熱帯といっても、高温によって育ちにくいという条件には当てはまらぬ地域である。

ところが、そこでのニホンギリの生長は極めて悪く、単に気温の問題として説明できず、植栽地の現状からすると、日本に較べて、生育期間における日長時間が短いことが大きな原因ではないかという。

これを裏付けるように、同氏はウスバギリとニホンギリの苗木の生長経過を1か月間隔に、埼玉県の赤沼試験地において調査した結果、ニホンギリの期間伸長が10㎝を越すのは、６月17日以降９月６日までの期間であり、９月上旬からは急に衰え下旬には完全に停止する。

一方、ウスバギリは、期間伸長10㎝を越えるのは7月16日以降10月13日までである。生長停止はニホンギリよりも1か月遅れて、初霜を見る11月上旬であった。

このような調査結果から、ウスバギリの生長最盛期は、ニホンギリよりも1か月近く遅く現われるが、気温的には大差がない時期である。しかし、日長時間は約1時間短縮され、12時間半前後となりこの頃に最大伸長を示した。

そこでニホンギリの場合は、比較的長日条件で伸長が盛んとなり、ウスバギリの場合はやや短日条件で最大伸長を現わす特性を持つと考えられる。

わが国におけるウスバギリの生育する北限は、海洋性気象で若干温度が高いためか、茨城県と新潟県を結ぶ線であり、これはちょうど植物分布で、暖帯北限線と合致している。

ウスバギリは1月平均気温が0℃以上の地域に生育しており、南北のキリは生育経過の違いもあるが、材質的に大きな相違もあって、これにキリの種類を当てはめてみると、北のキリにはニホンギリ、チョウセンギリ、ノッポギリなどがあり、南のキリにはタイワンギリ、ココノエギリ、ウスバギリ、シセンギリなどがある。ラクダギリは中国における分布が不明なので、いずれとも決めがたい。

スラウェシ島は赤道直下にあり、年中日長時間は12時間前後と一定している。飯塚氏の調査基地となった宿舎の前には、３月でも短日植物のコスモスの花が咲いていたという。

（八重樫良暉「桐と人生」より再編）

キリの花にまつわる話

キリの花が咲くと霜の心配がなくなる（福島県会津地方）
キリの花が咲いたらゴマの種子を蒔け（新潟県）
キリの花が見事に咲くとその年は冷害になる（群馬県伊香保地方）
キリの花の多い年はイカが豊漁（岩手県宮古地方）

かっこうの初音の頃からキリの花咲く

岩手ではかっこうの初音を聞くのは、5月の半ばである。キリの花もそのころから咲き始める。キリの花をかっこう花と呼ぶところもある。女の子たちは淡紫色の花の中にあるオシベを取って、食酢や塩漬けにしてやわらかくなったころ、口にくわえてふくらまして遊んだものだという。

キリの花は、葉の開くのと同時に咲きだす。そのころには、桑の葉はもう蚕の飼育に足る大きさになっている。日中の農作業を終えて、うすら暗くなった夕暮れ時、子どもたちも家路につく。夕餉の前のひととき、蚕への桑の葉給餌が待っている。蚕にキリの花の臭いは禁物で、この臭いで蚕は酔うようにのたうちまわり死ぬ。このようなことから、キリの花で遊んできた子どもは親から叱られたものだという。

（八重樫良暉）

2章

くらしの中の桐材利用

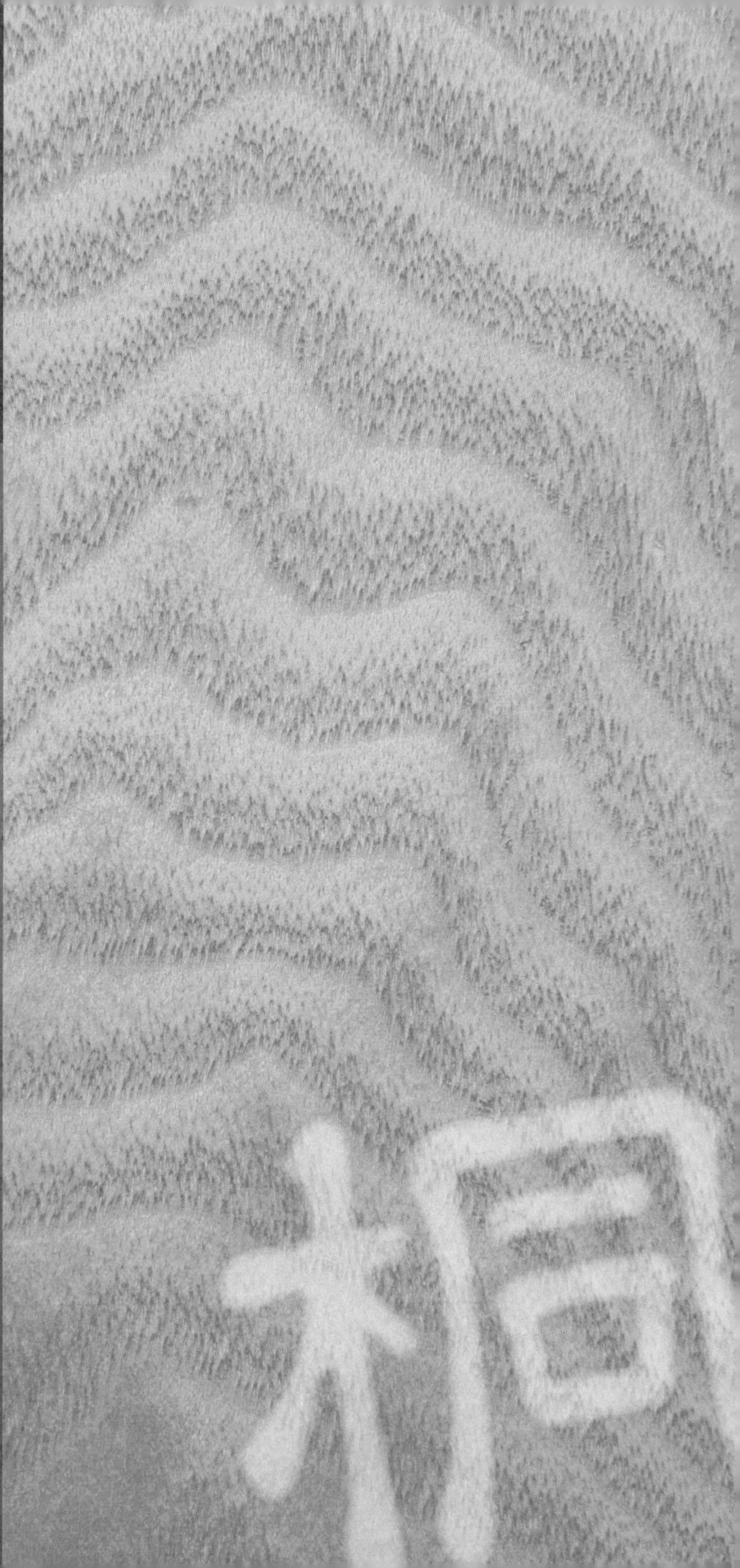

桐材の特徴

●桐の材積

古くから木材の計量は10立方尺(1尺×1尺×10尺、1尺は約30cm)を1石(3・16㎥)とする単位で取引されていたにもかかわらず、同じ木材でありながら、桐材は「玉《たま》」あるいは「才《さい》」という独特の単位で計量されていた。主として「玉」は東北・関東・北陸地方で、「才」は愛知県以西の関西地方で使われていた。その中間の静岡県では両方を使っている。

桐の原木市場(写真:高安尚訓)

いずれも、1961(昭和36)年から施行されたメートル法によって㎥を単位とすることにはなったものの、木材業界ではその後も「玉」「才」が通用していた。しかし最近に至って、流通材の大半が輸入材に占められていることから、やむなく改められつつあるようだ。

「玉」は無皮末口(外皮を剝いだ丸太の細いほうの切り口)平均直径6寸(18cm)、材長6尺4寸(192cm)の丸太を1玉とし、直径が1寸(3cm)増すごとに1玉ずつ増加し、逆に6寸から1寸ずつ減ると玉数を半減させ、5寸になると2本で1玉、4寸になると4本で1玉、3寸では8本で1玉となる。

「才」は長さ6尺4寸の丸太、無皮末口直径の長・短径を相乗した値に才をつけるもので、例えば長さ6尺4寸で末口径の長径7寸、短径6寸であれば、7×6＝42才となる。長短径の差がなく同じであれば、その2乗に才をつける。

「玉」の場合は、玉数が2倍になっても実材積は2倍とはならず、末口径ごとに違ってくる矛盾を生ずるが、「才」の場合は実材積と比例する。

このように単位は、いずれも長さを6尺4寸としているが、これは下駄材の木取りに由来するものと考えられる。すなわち下駄の長さは子ども物、女物、男物で違うが、6寸から8寸で丸太から木取りする場合、節《ふし》や傷を除いて長さ8寸程度に玉切るため、ちょうど8等分される長さである。

また6尺4寸は、桐材製品の代表的なたんすの寸法に合わせてみると、一般的な衣装たんすの間口は2尺8寸～3尺1寸(84～93cm)、奥行は1尺3寸～1尺5寸(39～45cm)となっていることから、それぞれ2分の1、4分の1で木取りができるなどの関係がある。

およそ計量の単位は地域社会の中で共通性がなければならないが、曲尺《かねじゃく》は関東で、鯨尺《くじらじゃく》は関西で主に使われていたこともあって、一般木材の「石」と「尺〆《しゃくじめ》」の使われ方に地域性があるように、「玉」と「才」についても同様である。

関西方面で一般用材に使われた尺〆も、桐以外の木材では長さ約12尺で1寸角のものを1才とし、尺〆は12立方尺でこれを１００才ともいうので、同じ才でも桐材はこれとは別個な見方がなされているものである。元禄時代に盛んであった菊づくりで、その花輪の大きさを競争するために、曲尺の6寸を1尺とする菊尺というのがあり、また足袋は1文銭の直径８分(２・４㎝)を1文とする文尺《もんじゃく》があったように、「玉」と「才」も桐材の特殊な用途から生まれた単位であろう。

したがって「玉」が下駄の木取りに由来するものとすれば、そこになんらかの法則性があるのではないか。

一般に下駄は、１玉から15～18足ほどの木取りができるとされている。すると2玉からは約30足、３玉から45足、逆に０・５玉、すなわち末口径5寸、長さ6尺4寸のものからは8足、同様に4寸のものは4足というような、下駄の固まりが玉と考えられもするが明らかではない。

また、桐下駄は関西地方においてもつくられていたが、広島県福山市にあった日本はきもの博物館(２０１３年閉館。現在は福山市松永はきもの資料館として継承)の主任学芸員だった潮田鉄雄氏によると、東北と異なって関西地方の下駄の主流は雑木下駄だったという。こんなことから下駄材の違いで、桐材の取引単位が異なってきたのではないかと推定できる。

なお中国から輸入されたのは、１９０５(明治38)年の日露戦

下駄材の輪積み干し(写真:倉持正実、以下※はすべて)

争の後であるが、当時の輸入桐材の単位は重量の取引で、斤《きん》（1斤＝600g）が用いられていた。

●桐材の樹脂（アク）抜き

一般に桐の伐採は、秋の彼岸から春の彼岸までの間で、玉切《ぎ》りをして露地に林棒（台木）を置き、その上に丸太を土と直接触れないように並べて放置する。入梅・土用を経過して秋になってから製材する。製材した板はさらに横木に立てかけ、あるいは桟《さん》積みして1年以上も雨露に曝《さら》してアクを抜き、乾燥の後に家具などに仕上げるのが通例となっている。

農商務省山林局編纂の『木材ノ工藝的利用』（1912年刊）には、「キリは樹脂強きをもって、製材の上永く日光、雨露に曝すときは銀白色となり、将来黒斑を生ずることなし」「もし、これを木取りたる後、雨に曝さずして使用するときは、乾燥後といえども、材面に黒斑を生じ、大いにその美観を損ずるものなり」とあり、この手順は桐材の利用上重要な役割を占めている。

しかし、このアクや黒斑とは一体何のことなのだろうか。ほかの材に見られない現象がなぜ桐だけにあるのかも疑問だ。

これについて広島県立工業試験場（現・広島県立総合技術研究所）の牧野耕三、小林康義氏らは、1976（昭和51）年以来、桐のアク抜きの研究を行ない、桐材の組織構成からして、材中の炭水化物（糖成分）が問題の変色原因の1つと考えられるとしている。さらに撒水と減圧機構を持つ缶体を利用し、アク成分抽出除去装置を試作、試用した結果、約3日間で変色防止が可能であることを報告した。

1980年には、化学的処理を併用。尿素溶液による処理が最も有効で、10％液での24時間の浸漬処理で、十分満足できる変色防止効果が得られ、とくに自然乾燥中に見られる赤色変化の要因成分は、水及びメタノール可溶性成分中のフェノール性成分であると推定した。

このような研究成果は、伝統的なアク抜き手法を根本的に改良するものだったが、現在、実際に活用している例は非常に少ない。というのは、桐材加工業者の多くが零細規模であり、家内工業の域を脱し得ないため、改良技術の導入にはすこぶる消極的だからであろう。また、桐材加工の多くは、たんすのように手づくり的工程が主体であるため、工業的生産と異なって、時間的な短縮がコストダウンの要因に入らない。

ただ近年、桐材の主要な用途が下駄から高級家具へという変化があり、家具類の製造工程が一部工業化されるに従って、アク抜きが近代的方法に変化しつつある。今後、建築内装材向けにも需要が増えていけば、その加工量を確保する必要性に迫られ、アク抜きの工業化、時間短縮が図られることになるだろう。

桐材の利用

●奈良時代から

古い桐材加工品として現存するものに、奈良・法隆寺（607年建立）の伎楽《ぎがく》面があり、現在、東京国立博物館に保存されている31面のうち10面が桐材でつくられている。また正倉院には、752（天平勝宝4）年の東大寺落慶時（大仏開眼供養）で使用されたという百数十面の伎楽面があり、そのうち3分の1は桐材で、作成年代は奈良時代のものだという（写真）。

桐材の代表的な加工品に、たんすと下駄がある。これらが文献上で初めて出てくるのは、17世紀後半に出版された井原西鶴（1643～1692年）の『好色一代男』や『日本永代蔵』である。また、キリの植栽については同年代に書かれた農業技術書『百姓伝記』（1681～1684年頃に成立）や宮崎安貞の『農業全書』（1697年刊）にみることができる。

「迦楼羅（かるら）」に使われた桐材の伎楽面（飛鳥時代7世紀）。迦楼羅は鳥を神格化した仏法守護神の一つ（写真：東京国立博物館）

●桐下駄

日本人が下駄を使い始めたのは、いつ頃だろうか。千葉県木更津市のJR久留里線上総清川駅周辺の小櫃《おびつ》川流域から、千数百年前の弥生時代または古墳時代のものといわれる、半月形で孔の3つある下駄が出土している。2つ合わせると鍋の蓋《ふた》のようになり、下駄の始まりとされる「田下駄」ではないかといわれるものだ。田下駄は、腰まで浸かる沼田で足がめり込まぬように、大きな板に鼻緒を付けて履く、農作業用の道具だった。

降雨量が多いわが国では、道は泥だらけとなり、また湿度が高いため閉塞的な靴は普及せず、下駄や草履《ぞうり》のように、裸足で足の裏だけを保護する履物がモンスーン地帯での主流である。下駄は中国から伝わったのではなく、日本固有のものではなかろうか。和歌山県新宮市の熊野速玉大社の神宝館には、桐の木をえぐってつくったと思われる木履《ぼくり》（錦包挿鞋《にしきつつみそうかい》）が保存されている。これは韓国の木沓《きくつ》と類似し、神事などに使用されたものだろうが、どうしても普段に履けたものではない。

江戸時代前期、井原西鶴の『好色一代男』（巻3）には「嶋繻子《しましゅす》の二つわり、左の方に結び赤前だれに桐の引下駄をはきて」とあり、この桐下駄は桐の木を挽いてつくった下駄で、蓮葉《はすっぱ》女の多くはこれを用い、残飯を貰う乞食はその下駄を年中つくっていたといわれる。

また、1853(嘉永6)年の喜田川守貞『守貞謾稿』には「昔の下駄は山樵《やまがつ》の製で江戸に出す故、山下駄と称す、桐製にて歯を挟まず」とあり、江戸中期には庶民の履物として、桐下駄が用いられていたようだ。

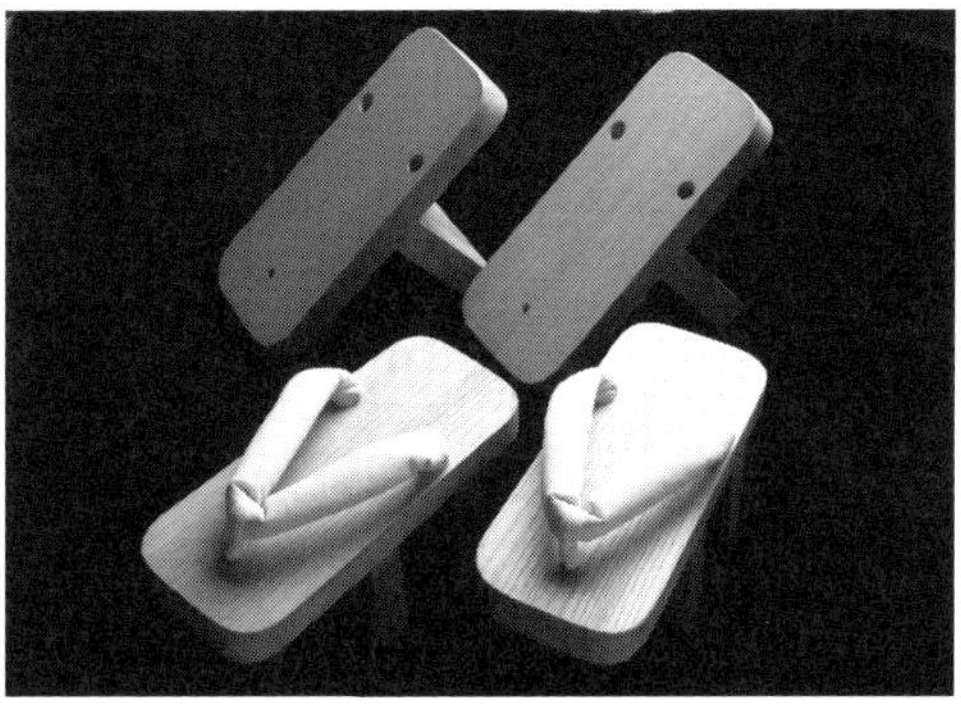

桐材の下駄※

下駄にはさまざまな形のものがあり、軽くて細工がしやすく、手近に得られた桐材が用いられたのであろう(写真)。桐材の生産流通は、そうした下駄材としての流通から始まったものと思われる。

生産量の多かった会津桐を見ると、1649(慶安2)年の『会津事始』には、藩主保科正之が桐植栽を奨励した記録があるが、諸国の名物を記した『毛吹草』(1705年刊)や『和漢三才図絵』(1712年刊)に会津桐は見当たらない。桐材の流通は、下駄需要が高まってきた江戸時代末期になってからのことではなかろうか。

幕末の天保年間、岩手県から桐材が下駄材として船積みされ、江戸に出荷されたことは、次の証文からも知られる。

天保十四年
沖口、御証文奉願候事
一、桐甲良　五十個　荷主　久慈港　角内
一、桐挽割　六十丁　荷主　同人
此石十五石但四丁に而一石積、元口八寸より尺迄、末口三寸五分より七寸迄長サ一間物

これは日和下駄用の甲良《こうら》の船積証文で、1個の荷は50足分で、4個で200足分を1石《こく》に換算している。また丸太の1間物はすべて石で示している。

交通の便が次第に発達し、木材の中でもその用途が一般的で、大量需要の見込める桐材が集荷されることで産地化が進んだ。会津桐、南部桐、津南桐などの名称が生まれたのもこの頃であろう。流通の

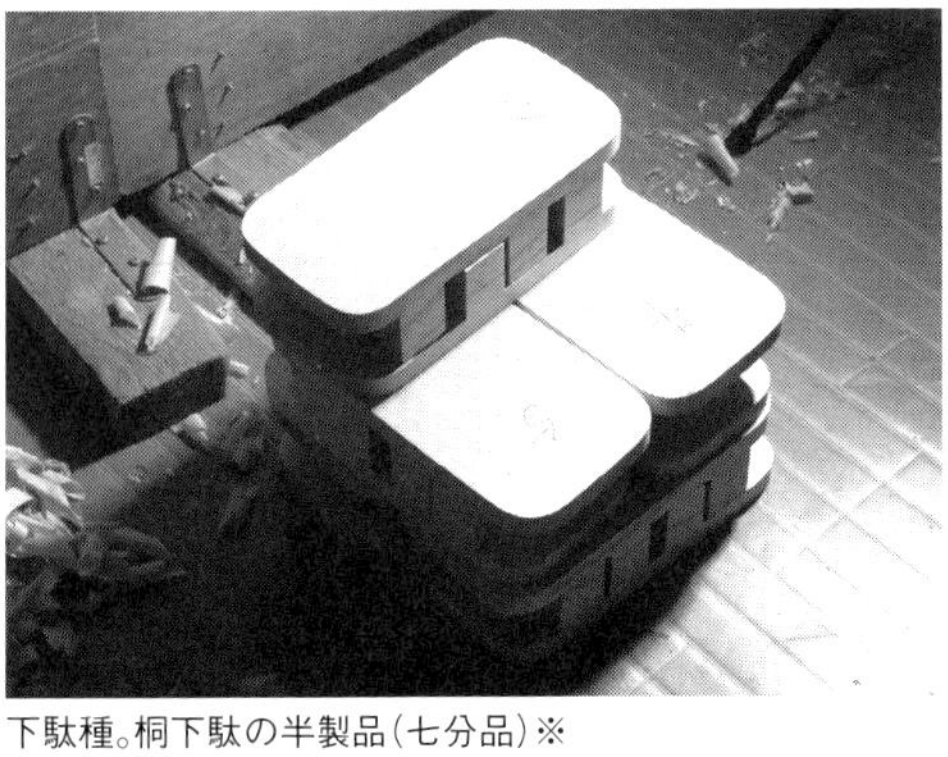

下駄種。桐下駄の半製品(七分品)※

下駄の分類

甲良の部	柾目甲良	大形		男物
		相形		女物
	板目甲良	大丸甲良	幅3寸5分以上、高さ1寸5分以上	学生用、高下駄用
		三五甲良	幅3寸5分以上、高さ1寸2分以上	男物
		三二甲良	幅3寸5分、高さ1寸2分以上	女物
		三上甲良	幅3寸2分～ 3寸、高さ2分～ 3分	子ども用
		東（あずま）甲良	幅3寸2分以上、表面に傷があって面に表を張りつけて用いられるもの	
		辺（へち）甲良	幅3寸2分以上、 表面に表を貼り付けて用いるもので、辺が柾目になっているもの	
下駄枕木取りの部（下駄の片取り）		日光（にっこう）	幅3寸8分～ 4寸、高さ1寸8分以下のもの。これを日光38、日光4寸という	日光東照宮の神主連が履いていたということから生じた呼称
		張下（はりした）	幅3寸6分以上のもので、表面にキズあるもの。高さ3寸6分以上、長さ7寸2分以上	表面に桐の経木などを張って使うのでその下台になるため張下という
		芳町（よしちょう）並	幅3寸6分以上、高さ1寸8分以上。面にキズのあるもの	江戸の芳町の芸者衆が履いた、頑丈な下駄ということから芳町という
		大型三八・四寸	幅3寸8分・4寸以上、高さ1寸8分以上、長さ7寸7分以上	
下駄木取りの部		張下		
		芳町（女物）		
		大型（大男物）	表が柾目のものを大天という。幅4寸～ 5寸、高さ1寸8～ 9分、横面1寸5 ～ 6分で、表面の柾目の数が4 ～ 5本あるものは4、5という。2本増すごとにその名称も6、7、8、9となり、10以上は1つ飛び偶数字の下に天の字をつける（10天、12天……以下これに準ずる）	
		相天（柾日光）	幅3寸4分～ 3寸8分、高さ1寸5分内外、横面は1寸4分ぐらいで女物、柾目の数も大型同様に区分	

担い手は、桐材下駄種商といわれる人々であった。

下駄種というのは、下駄の半製品であって、鼻緒をつける孔を開けていないものを総称し、さらに木取りのみのものと、1足分として揃えたものに分けられる。

下駄の需要は、正月と盆に売れ行きのピークがあり、桐材の産地からは丸太で運び込まれるケースもあった。桐材産地の下駄種商は、仕事の繁閑によって、半製品までつくるとか、木取りのみをするとか、その時期に合わせて対応していたようだ。

下駄の半製品は甲良と呼ばれ、長さ8寸に加え、幅や高さ、ヘチ（図）の規格があって種類がさまざまである。また下駄には枕木取りがあり、これらの取引上の主な種類を見ると、表のような区分がある。

さらに、1872～73（明治5～6）年の頃から製造過程に改良法が取り入れられた。その製造法は大阪で開発されたといわれ、普通の木取りでは1枚から半足しかつくれないが、図のように1個の材片を2つに剥がして、1足分になるように改良し

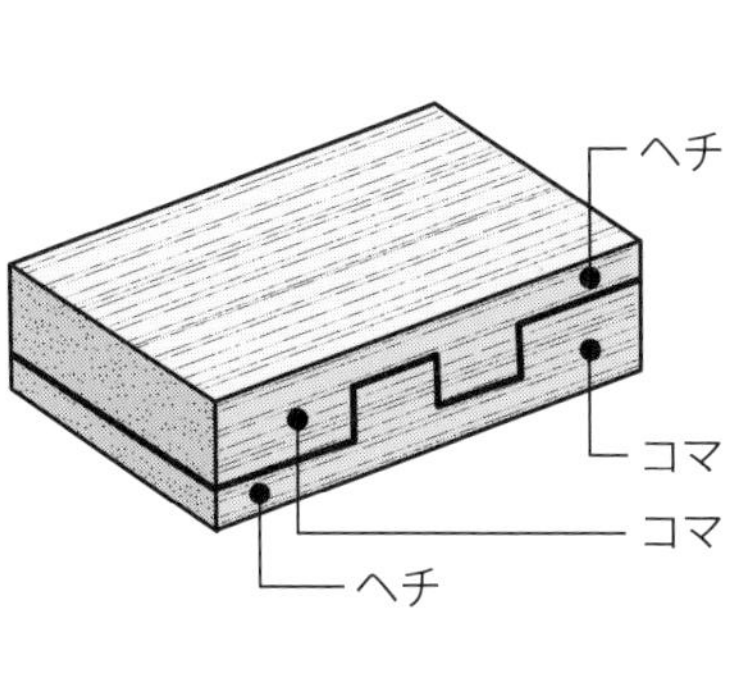

下駄の剥ぎ方　1個の材片から2つに剥がして1足とする

たものである。普通の木取りよりも、高さで男物は6分、女物は5分高となるのが特徴といえる。下駄業者は剝がして生ずるコマの部分をさらに数枚に切り、下駄の底に貼りつけるなど、桐材を無駄なく使用する工夫をした。

以前はどんな地方の町でも、下駄をつくりながら売っていた専門の店があったが、今はほとんど見られない。私の住む岩手県内でも、下駄づくりの職人は10人といないのではなかろうか。下駄屋は履物店となって靴やサンダルの店に変化している。

生活必需品として、以前は全国で1億足もつくられた下駄も、今では民芸品となってしまった感がある。

●桐たんす

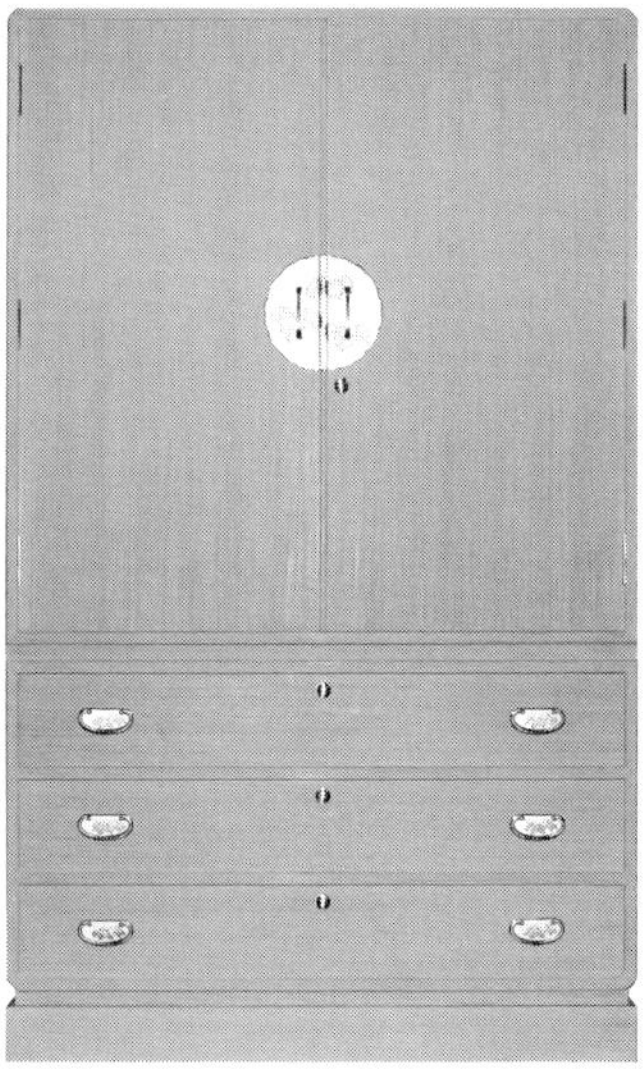
桐たんす（写真：会津桐タンス㈱）

「女の子が生まれたら桐を植えよ」という言葉があるが、中国にも同じような言い伝えがある。桐でつくられたたんすは、嫁入り道具として欠かすことのできないものであった。江戸時代初期、人々の生活を描いた井原西鶴の浮世草子には、「桐のたんす、なでしこの紋所、いわしをさして鬼打豆」とあり、当時民間でも桐のたんすを用いていたことが知られる。

また、日光街道筋にあたる埼玉県春日部市は、３００年以上の歴史を誇る桐たんすの生産地である。日光東照宮の造営（１６４８年完成）に参加した各地の職人達が郷里に帰らず、この宿場町に住みつき、周辺で採れるキリの木を材料にした家具や調度品をつくり、大消費地の江戸に出荷したといわれている。江戸時代中期の文献には、桐たんす業者の名前が記されているそうだ。

新しいたんすは、白く軟らかい桐の膚に、漆黒の鉄の金具で要所要所をガッチリと締めつけ、そのコントラストは、清潔な初々しさを感じさせる。嫁入りというハレの場を飾るために、ふさわしい道具である。この新鮮さが、妻の座から母の座に移りゆくとき、白かったたんすも次第に紫の色艶に変わり、落ちつきをそえてくる。

以前には、2人の娘の嫁入り道具にと、総桐で頑丈な祖母のたんすの厚板を2つに割り、真新しい2棹のたんすをつくって与えたという話も多くあった。昨今のように、つくりつけのクローゼットなども見られる住まいとなれば、たんすを置く余地もなく、桐たんすに対するイメージも忘れられようとしているかのようである。

桐の産地である会津地方では、品質のよい桐材として、たんすに限らず、宮下桐の評判がよい。三島町の宮下地区のほか、同町の西方地区と柳津町の西山地区の三郷に育ったキリでつくったものがA級品だという。

これらの地方では、川がジグザグに流れていて、山腹から崩れ落ちた土砂が堆積する崩積土が広く分布している。キリ林は、その肥沃な礫質《れきしつ》壌土に加え、日当たりのよい東南に面していることもあって、よく育つ。

たんす業者間では、良品質の桐材は硬くて、陽にやけないと称されている。硬い木は材質が緻密で、細工がやりやすい。会津三郷、秋田県の一部、岩手県岩泉地方のキリに多く、これらの産地の肥沃地に育ったものが、硬さではA級品だとされている。

また、やけない桐材は、白さを長く保持することができ、そのA級品は会津地方産のものにある。3～4年すると、黒ずんでくるのがB級品とされ、岩手県岩泉地方産の桐材はやけるという難点があるといわれる。

このようなことから、東京都内の家具商は、総合的にみてA級品は会津桐、B級品は南部桐であると評価する。そして、不景気のとき売れ足が早いのは、やけにくい会津桐のたんすであるという。不景気になると商品の店晒し期間が長くなり、桐材は白いというイメージからお客が好むということのようだ。

しかし、やけやすいという南部桐は、南部紫桐ともいわれ、紫色に変化することで白よりも落ち着きのある色沢として、むしろ好まれるという見方がある。

一般に、桐のたんすは燃えにくく、湿気を防ぐともいわれている。また、いざというとき、軽くて持ち運びのできる総桐のたんすも、災害が多いわが国の風土に対応した工夫であった。

●琴と桐

桐は鳳凰　檀《まゆみ》は鳶なり（琴の原料材にふれて、マユミも琴の材料となった）

桐の木の上に雁々13羽（琴の弦は13弦、弦の端を雁置きと呼ぶ部品で留める。本来7弦のものを琴《きん》、13弦のものを箏《そう》と記していたが、ここでは琴で統一する）

（大曲駒村編著『川柳大辞典』より）

これらの川柳では、桐は琴の異称であり、琴と桐は切り離すことのできない関係にある。

琴はもともと中国の楽器で、紀元前からの記録も見られる。わが国には奈良時代の初期に伝わった。貴人の間で流行して、一時平安時代末期に衰退したといわれている。本格的に琴が栄

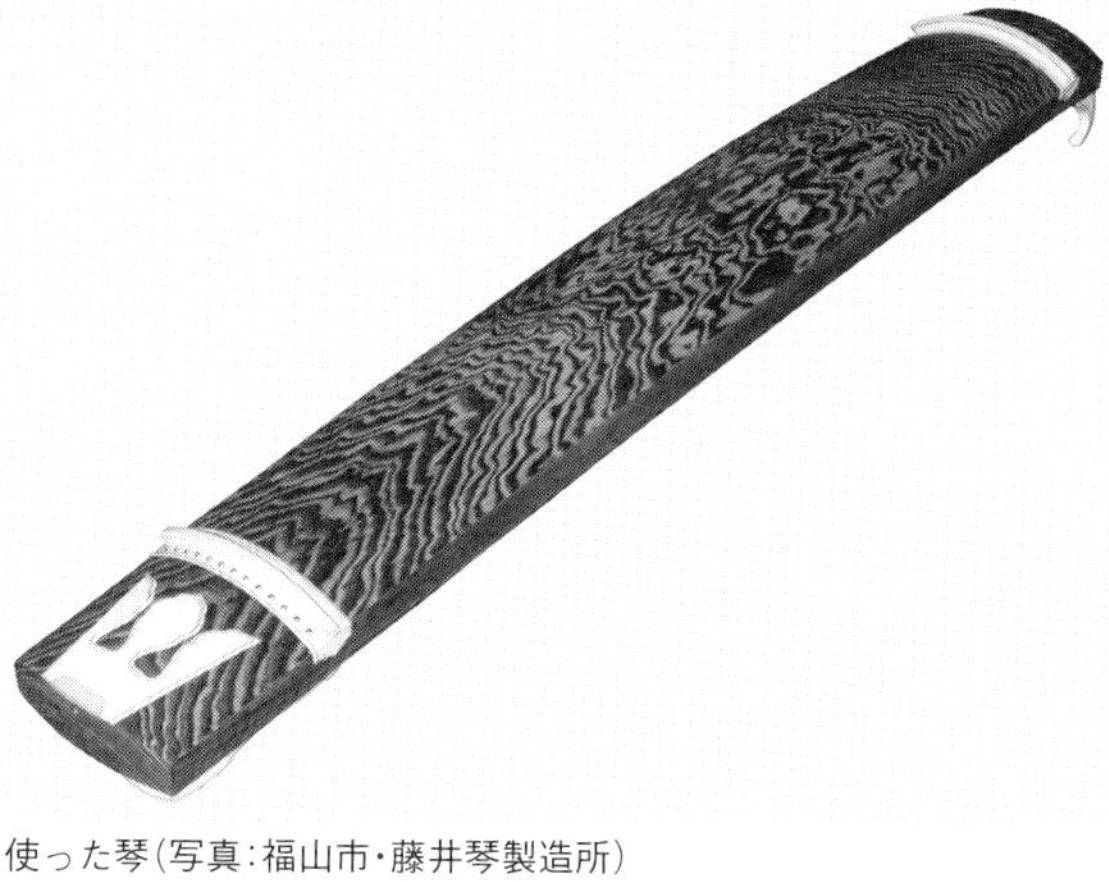

桐材を使った琴(写真:福山市・藤井琴製造所)

えたのは江戸時代中期で、京都を中心として西は生田流、江戸を中心として東は山田流の二派がある。

　最近の琴の生産は、年間4000面ともいわれ、主産地の広島県福山市では全国の約75%を生産している。

　普通の琴は、木口直径26㎝以上のものを長さ190㎝に木取り、木口断面を山型とし、最大の厚さのところを6㎝とする。桐丸太からの琴材木取りでは、普通、末口45㎝の原木から5面ほど木取りすることができる。

　樹木は一般的に南面する方向の年輪幅が広く、北面は狭いという傾向がある。伐採をして丸太にした場合、その北面に当たるものを木裏といい、ほかの面でつくったものよりも音色がよいといわれている。

　材質については、肥沃地に生育したものよりは、やや瘠地《せきち》で育って目の積んだものがよく、普通は甲の側面に現われる年輪の数が価格決定の基準となっている。樹齢の高い老木ほど木目が鮮明であり、木取りの場合でも最外部のものを一番甲とし、材心部に向けて二番甲、三番甲となり、樹皮部に近いものを上等とする。

　琴材に木取りしたものは、屋外に積み、半年以上も日光や雨露に曝す。これは桐材製品のたんすや下駄材の取り扱い工程にも見られることであり、とくに6~8月にかけての梅雨期や夏期の高温を経過させることが、材に含まれている樹脂(アク)を抜き材を引きしめ、変形などの狂いを少なくするという。人工乾燥では、油が抜けないというが、取り扱いは桐材の単なる乾燥だけを意味するものではないのである。

　こうした琴材を甲として、裏面をノミと内削りのカンナでくり抜く。くり抜かれた甲の裏面に、音響効果を考えて栈板を貼りつける。その接着剤に普通はニカワを用いるが、ときにはモチ米の糊が使われる。

　兵庫県伊丹市に住んでおられた琴づくりの水野佐平氏(1950年に楽器博物館の嚆矢《こうし》である「丹水会館」を開設)は、寒中に炊いたモチ米を使うということだった。この糊には防腐剤を必要とするが、それに何が使われているのかわからず、古い琴を解体したとき、その糊を削り取って水に溶かし、煮てなめてみたところセンブリが入っていたという。

薬草のセンブリを糊に入れる方法など、古き琴の手づくり技術が次第に忘れ去られようとしている。生産量を上げるために分業で能率向上を図らなければならないとしても、伝統工芸として、このような職人芸は保存しておきたいものである。

琴の価格は、小売値で6万円ぐらいからといわれ、上は300~400万円するものもある。豪華な装飾品を付けることでいくらでも値は張ってくるが、とくに表面に玉杢《ぎょくもく》と呼ばれる木目のある甲(琴の弦を張る面)は最高級品とされる。

この玉杢を生ずるキリは稀であり、ベテランの桐材業者でも、その材に当たることはむずかしく、50年間商売をやっていて1本か2本であるという。

皮を剝いでみると、等間隔程度に丸い盛り上がりが散在する。この断面を見ても玉杢は決して幼木のうちから生ずるものではなく、ある年数を経過してからのようだ。5~6年目ぐらいから年輪に波を生じてくるので、この部分を縦に板目取りに製材すると、丸い盛り上がり部分が円型の形で現われ、いわゆる玉杢となる。

これまで琴材には国内産のもの、主として会津地方のものが使われていた。それが近年になって、アメリカからの輸入材が多く使われるようになり、会津桐生産に大きな打撃を与えている。ある琴製造業者は、琴材には南部桐よりも会津桐がよいともいっている。これは材質的な産地の相違なのかどうか。桐の種類、すなわちニホンギリとチョウセンギリの違いにも原因があるのではないだろうか。すなわちアメリカ産の桐で通直大径材の大部分は、種類からみるとチョウセンギリではないかと推定される。

桐の栽培上からは通直で、目の積んだ材に仕立てることが必要で、業界での評価は、アメリカ材での琴はどうも音色がバタ臭いのではないかともいわれるが、今後の国内産材には、少なくとも琴材生産を目標とすべきだろう。

桐材による琴の製作工程

●琴の製造工程

琴の製造は、桐を製材してからも乾燥させることおよそ1年。その後、甲の内側のくり（くりぬき）、彫り、裏板を接合する板付、甲の焼きとその後の磨きを経て、土台部分ができる。この甲に四分六《しぶろく》、柏葉《かしわば》、龍《りゅう》角《かく》を付け、さらに口前、丸型、龍脚を取り付ける。工程では、金具を取り付け、弦を取り付ける芯座《しんざ》を打ち込んだあと、弦を張り調法を行なう（図A）。

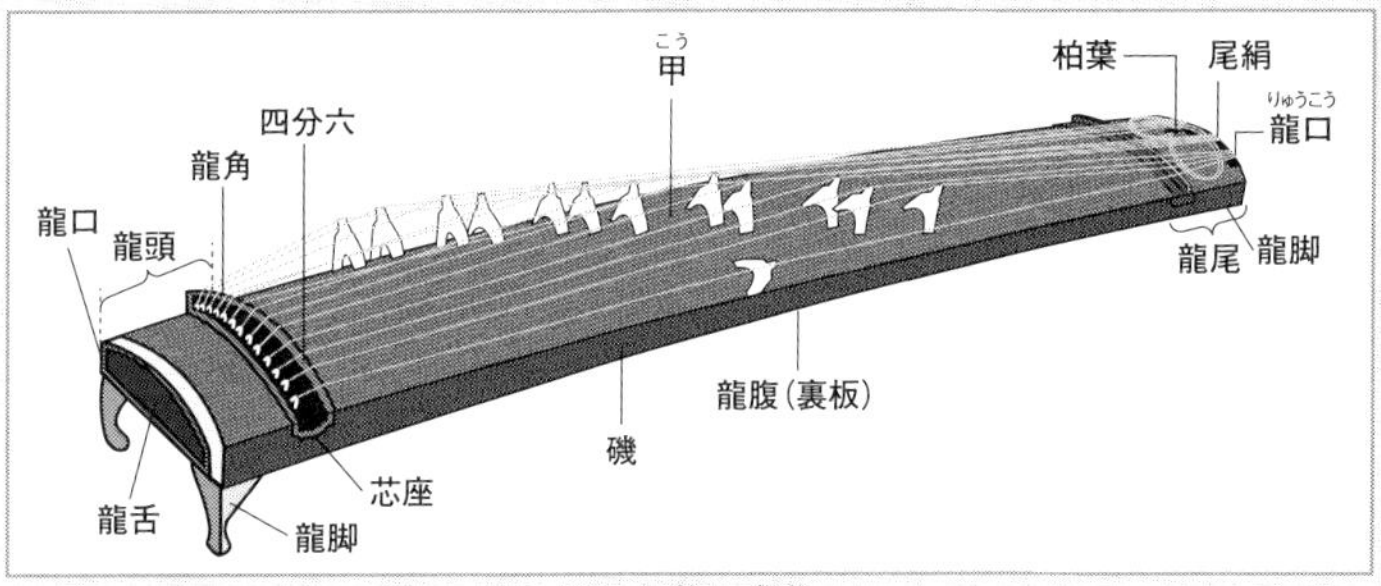

琴の部位と名称

図A　琴制作の工程

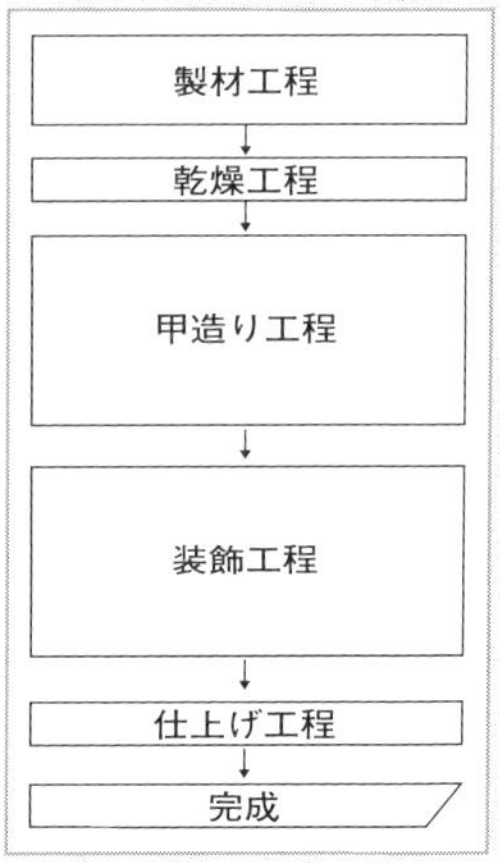

・製材工程

①原木選び・吟味

丸太は毎年2回、春から夏にかけての時期と秋から冬にかけての時期に製材される。1本ずつ手作業で丸太の皮をむき、丸太の長さを整える。

②墨掛け

木口直径26㎝以上で長さ1９０㎝に木取りする。桐丸太からの琴材の木取りは、木口断面を山型とし、末口45㎝の原木からは、最大の厚さ6㎝で普通5面ほど木取りできる。

③甲挽き・板挽き

一面一面、甲良の形に甲挽きされる。

・乾燥工程

④天日干し

製材したばかりの甲良は地肌が白いが、1年以上天日干しすると、表面は黒く変色してくる。カンナ掛けすると白くなる。

・甲造り工程

⑤甲削り

甲に墨付けをし、甲を削る。

⑥くり

一面一面重さを量りながら、荒削り、カンナ掛けする。

⑦彫り

音の反響を複雑にするために、甲の裏側にノミを使い、彫り細工を施す。

⑧板付け

裏板を付ける。接合部を平らにするか斜めにするかによって、磯の部分の見え方が変わる。

⑨焼き

炉で熱く焼いた「こて」で、まず甲の裏側を焼き、次に甲の表面をムラなく焼く。

⑩磨き

磨きをかけることで杢目には炭が残り、甲の表面には美しい杢目が浮き上がる。これで、琴の本体部分ができあがる。

•装飾工程

できあがった本体に、四分六、柏葉、龍角、蒔絵、口前、丸型、龍脚など、あらかじめつくっておいた部品を取り付けていく。

•仕上げ工程

金具を取り付け、芯座と呼ばれる、糸を止める金具にあたるものを、一つ一つの穴の大きさを確かめながら打ち込み、弦を張り、微調整しながら調弦する。

•完成

●琴の見立て

琴の出来具合は、主に3つの部位の仕上がりで評価される。一つは甲の杢目。複雑な杢目のものほど高級品とみなされ、音色もよいとされる。この杢目の美しさを浮き出させるには、色具合に影響する焼きの工程や、艶出しに影響する磨き工程がポイントになる。

二つ目の評価点は、甲の裏側に施した精緻な装飾模様の彫りもの。これは裏板にあけられた音穴（裏穴）から見ることができる。音響効果と装飾効果の上でこの彫りものが大きな役割を持つ。超高級品は麻型彫り（通称ダイヤモンド彫り）、以下順に子持ち綾杉彫り、綾杉彫りがある。稽古用の廉価な琴には、最も簡単なすだれ目彫りがある（写真）。

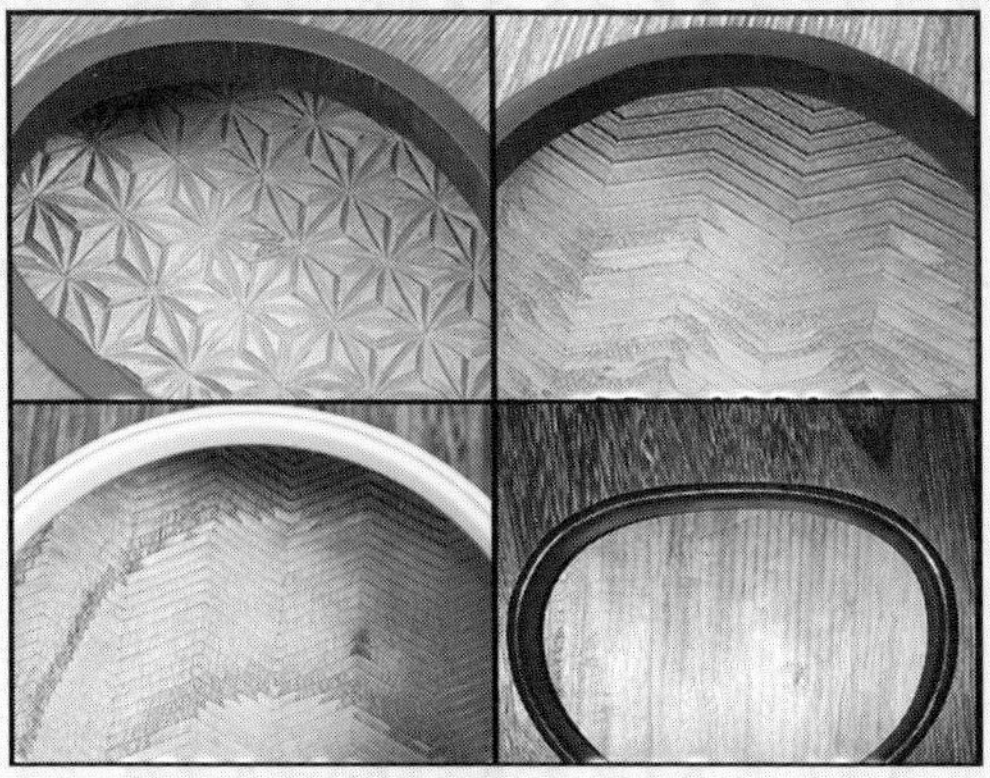

写真　甲裏の彫り模様のいろいろ　裏板の音穴から見ることができるもので、左上から時計まわりに、麻型彫り、子持ち綾杉彫り、すだれ目彫り、綾杉彫り（写真：雅楽堂美術）

評価の三つ目は、くり甲、並甲の違い。これは、甲と裏板が合わさるところの処理の仕方の違いで、くり甲とは甲と裏板をそれぞれ斜めに切って接合させたもの（図Bの右）。琴の磯側からは継ぎ目が見えないので、あたかも甲をキリ丸太からくり抜いたように見える。

これに対して並甲は、甲も裏板も平らに切って接合するため、継ぎ目がはっきり見えることになる（図Bの左）。

（編集部）

図B　並甲とくり甲

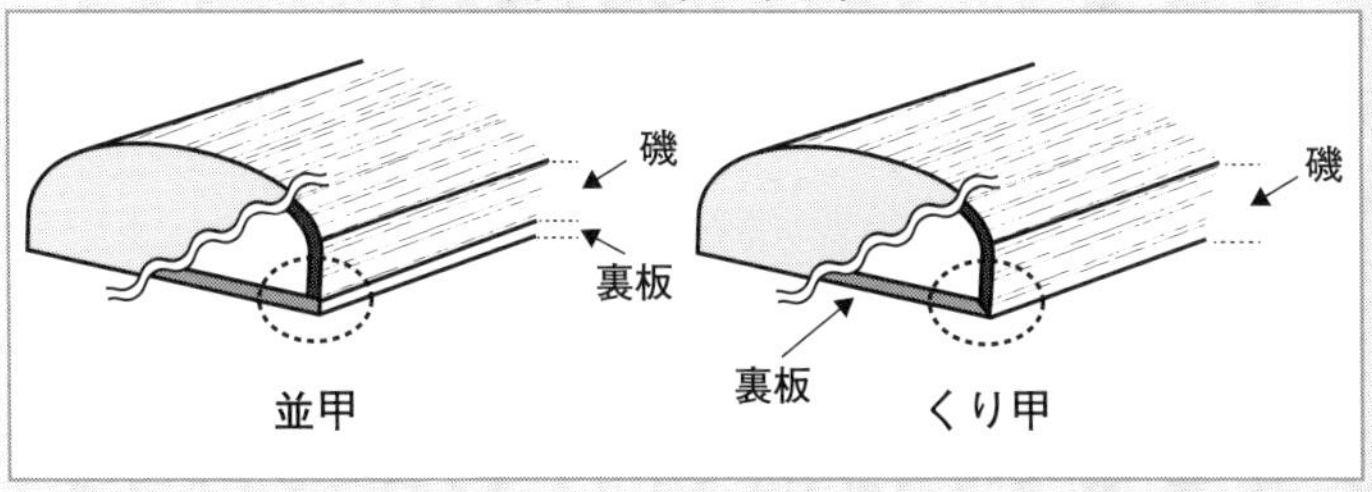

●桐紙

桐材を扱っている業者、あるいは桐に関係する方々から、桐紙の名刺をいただくことが多い。これは名実ともに桐の宣伝である。その名刺を些細に見ると、表と裏の木目が一致しない。要するに紙の台紙に両側から桐の薄い切片を貼り合わせたものである。この薄く桐を削ったものが桐紙といわれるもので、名刺のみならず、室内装飾や壁紙・襖紙あるいはクリスマスカード、菓子箱などに使われている。

桐紙の産地は山形県で、1902(明治35)年頃に東京から職人を招き、山形市駅前の吉田桐紙工業社で始めたものといわれ、100年を超える歴史をもっている。その後新潟や東京などでも生産されたが、現在は山形市を中心に、2業者が生産しているにすぎない。

桐紙の封筒。山形市の板垣好春氏(板垣桐紙工業)が0.05㎜の薄さの桐材を和紙に貼って製造した桐紙を封筒に仕立てたもの。桐たんすのような風合いの封筒になっている(福井県越前市の越前和紙メーカー・瀧株式会社製)

その生産工程はほとんど手作業であり、上質の無傷の桐丸太末口20~30㎝、長さ2mのものを40~50㎝の長さに玉切り、小径材は4ツ割、大径材は8ツ割の柾目《まさめ》木取りにして、3㎜(1分)の厚さから60~80枚ほどを大型のカンナ(削《つ》き台)で剝ぎ取る。その方法は材面を水に浸して、削き台に載せ、手で押して剝ぎ(写真1、2)、20枚ぐらいずつに束ねて重しをして伸ばし、その後晒粉《さらしこ》溶液に浸し、渋抜き脱汁をして、台紙・壁紙などに糊つけをして貼って乾燥させる。名刺用紙は台紙の表裏両面に貼り、規格に合わせて裁断仕上げとする。

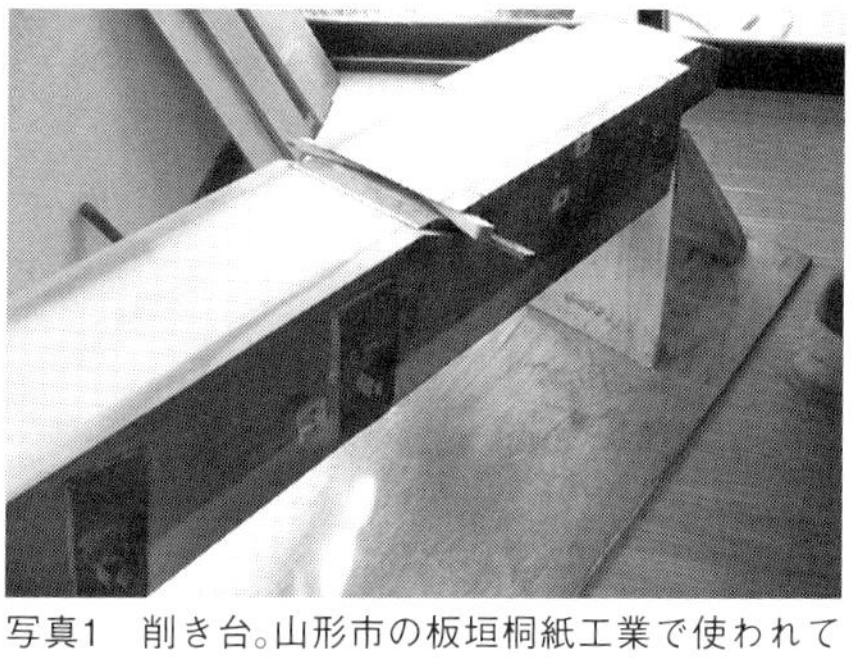

写真1　削き台。山形市の板垣桐紙工業で使われているもの(写真:瀧株式会社)

桐材独特の光沢・木目の美しさとともに、紙という薄いものに貼られた場合、一層の柔軟性を感じさせる。このような桐材の使われ方は、ほかの樹種には見られない

写真2　削き台から削り出される桐材。0.05㎜の紙のように薄い桐材(写真:瀧株式会社)

ものである。名刺やクリスマスカード以外にも、本の装丁あるいは室内装飾などにも、新たな用途の開発が望まれるところである。

桐紙と同じような使われ方をするものに、ツキ板がある。同じ工程ではあるが、厚さ3㎜（1分）から15〜20枚の薄板どりをするもので、これを傷のある桐板やベニヤ板に貼りつける。現在は平剝ベニヤ機械（スライサー）により、大量生産方式が採用され、家具部材の製造に使われている。

●刳物

桐の刳物。中臺瑞真氏の作品「桐菱形輪花盛器」（1996年。国〈文化庁保管〉）

指物《さしもの》は板材を接合したり、組み立てたりして製作するが、刳《くり》物《もの》は1本の木のかたまりからえぐって、まるごと取り出すものである。

現在では木工旋盤や糸鋸《いとのこ》機などの木工機械の発達によって、その多くは機械による製造だが、あくまでも手彫りにこだわり、木材の持つ美しさを追求している木工芸家がいる。なかでも軟材中の軟材である桐の刳物は、至難の技ともいえる。これに専念していた東京の中臺瑞真《なかだいずいしん》氏（1912〜2002年、重要無形文化財「木工芸」保持者）は、その方面の名工であった。

「桐の仕事は刃物を研ぐことが仕事のようなもので、1時間の仕事をしようと思ったら、1時間は研ぎ物をする。何せ桐はご存じのように、最後の最後まで刃物だけで仕上げないと、桐の肌がすさんでしまう。木賊《とくさ》や椋《むく》の葉でごしごしやると、塗るときに塗りむらが目立つ。特に木地呂《きじろ》（漆塗りの一種）で仕上げるときなどは……」と中臺氏は言っている。

桐材は刃物の切れ味が悪いと逆目が立ちやすく、またペーパーなどの仕上げでは光沢が出ない。鑿《のみ》と小刀の刃を薄くして、カンナの刃の角度も低くして使用する。木賊で磨きながら指頭で木地の凹凸を感じとり、ぬるま湯で拭きながら、鑿や小刀で直す作業を何回も繰り返して仕上げるのが刳物である。

中臺氏は茶の湯の道具をつくるのが本職であった。

「お茶の道具のほとんどが太閤さんの昔からの決まり物です。材料も寸法も形も、伝わり物のつくり替えだけが仕事でもある。ただ、いい材料を吟味し、いい仕事をすればよいし、いっそのこと、今京都でやっているように機械でやったほうがよいとも思っているが、私は刳物が好きなのだ」と語っていた。

このような人は、当時ですら珍しい存在となっていた。好きなことをやっていることが桐のよさを見出してくれる。「桐の木目は強いし杢《もく》(模様)もはげしい。だから杢の具合で器の深さの感じが違って見える。全体の形も、底の隅の丸味も、彫りながら杢や木目の出具合を見ながらでないと決まらない」とも言っていた。木のかたまりから取り出すことに精一杯、というのが刳物の真髄でもあるかのようである。

やはり、刳物をやっておられた元女子美術大学教授の福岡縫太郎氏は、多くの地方から生産される桐材について、その材の違いを次のように述べていた。

「会津桐は杢目に変化があって美しく、また硬く〝銀が出る〟と通称される輝きがある。南部桐は杢目が揃っていて、工作上適切な軟質で加工に最適である」

刳物にはその材料そのものに本命があって、材の性質も刃物との感触によってさまざまな違いがうかがい知れる。一般に下駄や琴に用いられる材は、伐採後3年経過したものを使用するが、刳物のときには20年、30年も経たものを使うという。桐1本から彫り出した刳物は、保存に限度がなく破損が少ないので永久に残し得るものである。

●桐の面

年代の明らかな現存する桐材製品で、古いものに桐の面がある。先に述べたように、奈良の東大寺または正倉院にある伎楽面である。

東大寺に保存されている総計百数十個の面の材種は、クス・ヒノキ・ホオノキなどさまざまあり、乾漆のものもあるが、そのおよそ3分の1は桐材で占められている。製作年代別にみると、飛鳥時代のものはほとんどがクスと乾漆であり、桐材は奈良時代以降のものに限られる。

和辻哲郎著『古寺巡礼』(１９１９年刊)によると、後代の能面はこの伎楽面より著しく小さい。中国から伎楽が伝わったとすると、発祥にはインド・ギリシャの影響があり、仮面の様相からもその伝統を受けたものと見られる点がある。

東京国立博物館の法隆寺宝物館にある31個の伎楽面も、やはり飛鳥時代から奈良時代にかけてクスや乾漆でつくられたものが多いが、桐材でつくられたものが10面あり、すべて奈良時代の作といわれている。同館には、平安時代の１０４２(長久3)年、桐材でつくられた奈良県手向山神社の舞楽面4面も陳列されている。

岩手県平泉町にある中尊寺讃衡蔵《さんこうぞう》には、能面に移る以前の在銘遺品としては最古のものといわれ、また国宝指定を受けているヒノキ製の若女面《わかおんな》(１２９１年作)がある。７２８年に行基が開基した東北最古の名刹といわれる岩手県浄法寺町の天台寺には、年代不詳の10個の舞楽面があるが、材はカツラかといわれている。このように地方では、桐は古い面でほとんど使われていない。

岩手県北上市には郷土芸能として鬼剣舞《おにけんばい》があり、その鬼面を打っていたのが八重樫寛《ゆたか》氏だった。桐の面は汗を吸いとり、軽いうえに落としても割れにくいのだという。これほど人肌にぴったり触れ合える木の材は、桐のほかにないのではなかろうか。

面に関連して、神楽に使われる獅子頭がある。権現さまとも呼ばれ、神社の祭事には欠かすことのできないものである。以前、岩手県内の神社に奉納されている獅子頭展があり、37頭の獅子頭が集められたことがある。そのうちの7頭は桐材であった。古いものは宮古市の黒森神社に保存されているもので、1485(文明17)年の作とされていた。

桐でつくられるものは、おおかたは消耗品的な生活器具・用具であるが、信仰などで長く保存されるものの一つに面があった。こうした点にも、桐の歩んできた歴史の断片を知ることができる。

●桐の手すり

丸い丸太を四角にするのが製材であるが、丸いものから丸い棒を製材することもある。その製材をする名人が、岩手県一戸町の大畑清氏だった。大畑家は、酒樽などの板材を生産する代々続いた樽丸商であった。しかしこの樽材料もプラスチックやビニールの容器などの進出によって注文が激減し、昭和40年代からは、地元産のオノオレカンバを使って、そろばん玉の素材づくりに転換した。

オノオレカンバは、地元ではアンチャともいわれ、名前の示すとおり、非常に硬く斧が折れる樺という意味である。赤味のある美しい木目から、そろばんの玉には最適とされていた。

これを直径1・5cmの丸い棒に仕上げて、島根・兵庫・鹿児島県などにあるそろばん製作所に出荷していた。しかし、電卓などの普及からそろばんの需要が減少したため、その後は壁材などに使うスギ、アカマツ、カラマツなどの丸棒を製材し、住宅建材の生産を手掛けていたのである。

さらに大畑氏は、桐の丸棒づくりにも挑んだ。各家庭にある階段の手すりには、金属製かブナやナラの集成材が用いられているが、その感触は堅く、冷たいものが多い。これを桐材にすると温かさ、柔らかさがあり、感触がまったく違うということに着目しての試みだった。

桐材というと桐下駄を思い出すが、その下駄は、素足で冬に履いても、そう冷たく感じないものである。温かさがあり、人の肌に触れても違和感がないのが特長でもあろう。だが困ったことに、木地そのものが白いため手垢で汚れやすい。それに桐材は軟らかく軽いため、折れやすいと弱点もあった。

そこで汚れを防ぐために、古くから下駄づくりの手法で使われていた焼き仕上げを用いることにした。それはトーチランプで表面を黒く焦がして、イボタ蝋《ろう》(イボタノキに着くカイガラムシの一種が分泌する蝋成分でつくったもの)を用い、浮造《うづくり》(カルカヤの根を束ねてつくったもの)で磨きあげる方法である。これだと黒灰色でしかも木目模様が浮きあがって美しく、南部紫桐の色沢かとも思わせる色合いとなり、しかも汚れが見られない。

また、丸棒の手すりの直径は、20～40㎜とさまざまである。細いものを長くして使用すると折れる危険もあるが、太くすると長くても折れにくく、強度が上がるものである。

桐の手すりは、実際の販売となるとさまざまな問題があってむずかしいようだが、近年は、玄関の上りかまちの壁に取り付けたり、電車や船のトイレに手すり状のものを取り付けるケースが増えている。今後高齢化社会を背景にしたニーズが高まり、活用の幅も広がるように思われる。

桐の丸棒づくりの応用として、さまざまな丸棒の変形も可能である。バーのような飲食店では、カウンターの縁の部分にラワンなどの丸棒の変形が取り付けられている。これなども桐に置き換えてもらうようにしたらいい。さらに、琴の原理からも、音楽堂のように優れた音響効果のある壁面を桐の羽目板でつくることなど、桐材の利用開発の可能性は限りない。

●桐の階段

階段の踏み面を段板《だんいた》といい、古い家ではケヤキなどの厚板が用いられた。最近の新築家屋では、そのような大径木もないため、ブナやナラあるいは外材の小幅板を貼り合わせた集成材が主に使われている。

階段の幅を踏み面幅と称し、その寸法は突き当たりの板幅、すなわち蹴上げ板の高さとは密接な関係があり、大工仲間では尺貫法の寸の単位で、踏み面幅と蹴上げ幅の積が45～55の間でないと昇り降りの関係が適当でないという。例えば、踏み面幅9寸とし、蹴上げ幅を6寸にすると、その積が54となるように、それぞれの幅に相対的な限界がある。

建築基準法によると、踏み面幅は15㎝、蹴上げ幅は23㎝以上とあるが、これはそれぞれの最少限度を示したものにすぎない。現在市販されている段板は24㎝以上のものが多い。

階段の据え場所もさまざまで、狭い家ではそのスペースも取りにくく、急な階段となると踏み面も狭くなる。日本家屋は平屋が普通で、二階家の発達は江戸時代の商家からといわれている。当時の高層建築といえば、城の天守閣や五重塔くらいのものであった。

ところで、その城の階段に桐材を使っているのが、島根県松江市にある松江城で、非常に珍しい存在である。見るからに古色蒼然とした構造で、その築城は1611(慶長16)年とされ、出雲国領主の堀尾氏が5年の歳月をかけて完成したという。姫路市の白鷺城に対して、黒鷺城とも称されている。その天守閣に昇る13段の階段は、幅125cm、踏み面幅30cm、蹴上げ幅21cmで、やや昇りづらいが、いざというとき階段そのものを上方に引き上げられるようにするため、軽い桐材でつくったといわれている。

松江城の桐階段

踏み板の厚さは6・5～7・0cmもあって、このような厚板を採材できるのは、直径30cm以上の丸太に限られるが、地元で調達したものであろう。

松江城のみならず、当時の築城は戦いを前提に考えていたのである。まさに最後の砦でもあり、万が一に備え、天守閣の炎上に対する配慮が必要であった。その際最後まで敵軍の動向を見張る場所でもあり、その情報を伝達する通路が階段である。そこで材木の中で燃えにくい桐材を使ったという推理も成り立つ。

ほかの材に比べて滑らず、温かみのあるのは確かであり、磨滅しやすい点では劣るだろうが、400年以上を経た現在、それほどの経年劣化もないのは事実である。

最近は3階建ての木造建築が容認されるようになった。その際に桐の階段、さらに階段の脇に桐の丸棒の手すりが一般化するのも間近いことだろう。

●桐の寝板

数ある樹種のなかで、桐材ほど人の肌に触れて違和感の少ない材はないと思う。温かく柔らかさがある。材の比重が0・19～0・40という国産材中最も軽い材であり、これは桐材を形成する細胞が大きいことを物語っている。

この特長を端的に活用したものに、先に書いたような下駄がある。桐下駄は、寒い冬の日に素足で履いても冷たさを感じない。これと同様に、桐板とのフィーリングを生かし、実際に使用しているものに寝板がある。

じつは私自身、未だ現物を見ているわけではなく、古老からそのような話を聞いたにすぎない。たまたま友人に話したところ、今でも使っている人があり、その旨写真を添えて送ってきたため、初めて寝板なるものを知ったという経緯がある。

『日本国語大辞典』(小学館)を見ても、寝板は収録されていない。それだけに一般化していないものである。同辞典の同じ「ね」の項には「寝茣蓙《ねござ》」があり、夏などに敷いて寝る茣座とあって、暑くて寝苦しい夜でも汗がべとつかず、清涼感が味わえるものである。桐の寝板もそんなことかと思われた。

しかし、実際に使っているのは、80歳を超えた方で、冬でも同様だという。桐下駄と同じく、冬でも桐材は冷たくないのである。こんなことから、寝板の効用は寝茣蓙とも異なり、背骨を真っ直ぐにして休養するところにも意味があり、そのような姿勢は、内蔵や筋肉などに何らかの好ましい効果を与えるのではないだろうか。

この寝板の大きさは、普通の布団の大きさであり、幅広の板を3～4板剝ぎ合わせ、裏面から横木4～5本で木釘を用いて、表面に出ないよう止めてあった。その厚さは2・1㎜(7分板)である。端には2か所、持ち運び用に取っ手に代わる細長い孔が付いている。

桐材でつくられた座布団・枕など、あるいは敷布のように網目のマットに桐の棒を入れ込み、折りたたみができるように工夫した製品も開発されている。このように桐材の物理的性質を活用した生活具の商品化は、直接健康に結びつくとは考えられないが、いわば桐材の持つ肌合いを生かした実用品である。

●桐の椅子

1日の生活は、寝ては起きるの繰り返しであるが、起きているほうが長い。人間の骨格構造から、起きているときの姿勢は、立つ・座る・腰かけるの3つしかなく、立つ・座るはどこでもできるが、腰かけるにはそこにものがなければならず、そのものの変形が椅子である。

椅子は、日本人にとってなじみが少なかった。古い神や仏の像や画に、椅子に腰かけているものは見当たらない。畳に座る習慣は、世界的にも珍しいわが国独特の発想である。

さりとて、椅子が昔から全然なかったわけではない。おそらく中国との遣唐使の往来によって、わが国にもたらされたものであろう。しかし、いわば来客用・接待用の椅子であり、およそ一般庶民が腰かけるものではなかった。

最近の椅子はスチール製など、さまざまな形のものがあり、木製が少なくなった。人間的な温かみのあるくつろげる椅子が欲しい。そこで、ソファのように布で覆ったものではなく、触れて温かみと柔らかさを感じさせる桐材で椅子をつくったならよかろうと考えて、当時岩手県岩泉町に住んでいた家具製作の専門家につくっていただいたことがある。

　軟らかい桐材では木組みのほぞが傷み、重みとゆさぶりから長持ちしない。そのため、彼は椅子の枠組みにはクリ材を使っていた。背もたせ、手すりはもちろん桐である。特長は、なんといっても非常に軽いことであった。

　かつては、家の新築に当たって、一間ぐらいは洋間にしたいという希望が多かったものだが、今は老人が同居する場合に限り、一間は日本間にしようという考えが定着している。この桐の椅子は日本間に入れても具合がよさそうだ。小児が扱えるような椅子も製作されている。

桐の椅子※(高安桐工芸製)

　ところで日本人の平均身長は、戦前までは１５０㎝前後(男１５９㎝、女１４６㎝)であったのが、現在では男は１７０㎝超で、女も１６０㎝近くまで伸びている。学者の間では、遠からず日本人は世界でも有数の身長の高い民族になるのではないかという意見もある。これも椅子の普及がもたらしたものだが、この桐の椅子にさらに改良を加え、和洋折衷の椅子としたいものである。

●内装材としての桐

　古い家の改築の話を聞いていたとき、ある主婦がその家の障子の腰板に桐が使われていると語った。古さの表現に桐の障子を出したようで、その障子は桟も桐で造られた大正時代のものであった。

　キリの産地だった岩手県宮古市の旧家では、天井や座敷の板戸は桐材であった。この地方では、板戸(漆仕上げ)・障子・欄間・襖や屛風の骨などに、やはり桐材が多く使われている。なかでも、仏壇の位牌はどこでも申し合せたようにすべて桐であった。

　岩手県内の古い民家で、文化財として移築保存されているものでは、その土台や柱にはクリ材が使われており、特殊な神社や仏閣は別として、その地方で産出される木材がふんだんに使われるのが普通である。岩手県内のアカマツ産地では、障子の桟もアカマツであり、青森県下北地方では、ほとんどの家が総

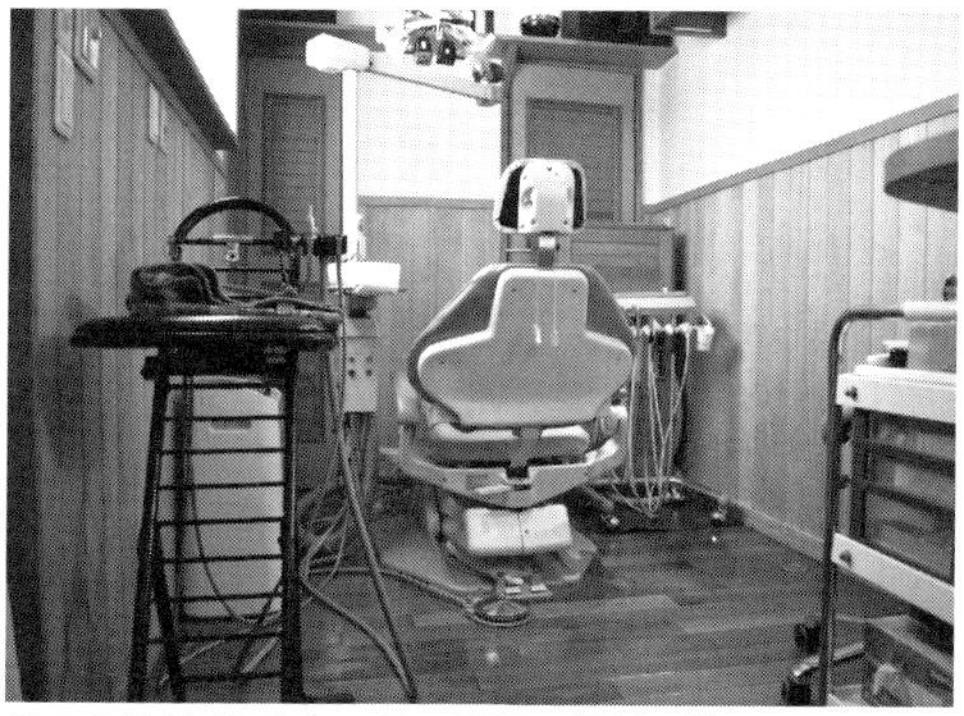
桐の内装材。診療室の壁の腰板に桐材を使った歯科医院（協力：銀座ＵＳ歯科）

ヒバ造りだという。

桐材の特性から、台所の床板にしているところがあり、素足に温かさを感じ、また囲炉裏・ストーブの周辺では、火が飛び散っても燃えにくいという効能があるという。

広島県府中市のある家具木工会社の経営者の自宅を訪ねたことがある。桐材を扱う商売柄、桐材を使った日本間であった。一見して、桐材でないのは床の間の壁、障子と襖の紙と畳くらいのもの。見えないところでは押入れの内側、畳の下板までも桐であった。これらはすべて厚さ2・1㎝（7分）のものが使われている。

ここに住んでどんな効用があるのかと聞いてみると、夏は夕方に冷房を止めても夜は涼しく、冬は暖房を止めても温かさが持続するという。桐材が暖冷房の役目を果たしているように見受けられたが、その科学的な根拠はどうだろうか。

森林林業関係の専門研究機関に照会してみると、桐材だからといって、室内温度に対する機能についての計測値での差は見出せないだろうということであった。

建築家の清水一氏（1902〜1972年）は、その著書『すまいと風土』（1970年刊）の中で「障子の紙も、壁土も日本のものは、みなある程度の湿気を含むと、はじめてほのかな色気がでてくる」といっている。桐材は湿度との関係で材質の機能を発揮する。この目に見えない感触を色気とも表現ができるだろう。桐材の建材・内装材としての用途開発は、これからである。桐の木を植えて育てた人が、まずその材で自分の家を建築する際に、どの部分にどのように使ったならよいか考えることから、今後もっと広い用途開発が生まれるのではないかと考える。

●桐材加工品

九州地方では、花をつけないキリの木が多いという。キリのてんぐ巣病の多発もさることながら、生長の早いウスバギリが多く、とくに有田・鍋島などの焼物には、それらの容器として桐箱の需要が多く、花の咲かないうちに伐採利用されるためだという。

貴重品の収納には、軽くて軟らかいということもあって、接触しても傷がつかず、材色などに高貴な気品のあることから多く用いられている。例えば、貴金属入箱、書類箱、茶器箱、花

桐小物／桐箱※（高安桐工芸製）

器箱、漆器箱、刀剣箱、陶磁器箱、掛物箱、メタル箱、小間物箱、菓子箱などであり、およそ桐材需要量の10％程度が利用されている。

　また、現在は使われていないが、米を搗《つ》きあげたあとに米と糠を選別するための「ユルキ」という農具を桐材でつくっていた。これはその後「万石《まんごく》」という選別機に代替されるが、長方形の桐板のヘリに低い桟をつけたもので、向う側の一方を縄で柱か梁に吊るし、板の上に米をのせて動かし、手加減で米と糠をゆすり分ける道具である。その他、養蚕の箱や桝なども見られる。

　燃えにくいという特長を生かして、火鉢、燭台あるいは火のし、焼鏝《やきごて》の柄《え》にも使われ、感触の柔らかさから鋸《のこぎり》・包丁などの柄にも重宝された。保温の点からとも思われるが、飯櫃《めしびつ》などを桐でつくると夏期には腐敗しにくいともいわれた。また桐の味噌桶は飢饉のときには、十分に塩分が浸み込んでいるため、材を削り湯に溶かしてすすることができたともいう。

　1974（昭和49）年秋、横浜港に台湾産の羽子板が3万枚も荷上げされ、税関職員を驚かせたというが、これも桐材でつくられていた。

　その他工芸品としては刳物による盆、花台、茶器、台子などがあり、桐の産地では位牌を桐材でつくる習慣があるほか、コフィン（棺桶）なども挙げられる。

　桐材を炭化させて火薬の原料、粉末にして懐炉灰として用いるケースもある。また一部ではあるが、漆器など塗りの過程で、研磨用にも用いられる。

　一方、桐の一大生産地である中国では、古くから楽器や家具材に使われており、建物の柱としては乾燥しても割れず、マツ類よりも長持ちするといわれている。

　アメリカでも1990年代から桐材利用に注目し始めていた。その理由は軽いことで、今まで北米産のホワイト・ヒマラヤスギが1㎥当たり12％の水分を含んでいて20ポンドだったのに対し、桐材は14・37〜18・75ポンドであるため、空輸などの梱包資材として40％の輸送量を軽減させることができるという。この着想はすこぶるアメリカ人的であるが、そのほかに小型ボート、軍用機の内装などにマホガニー合板とともに使われており、桐合板は60％を占めるに至ったという。

　また桐チップは、ほかの広葉樹に比して74％も多くの水分を吸収することから、家畜の敷藁の代用や堆肥原料としての利用試験にも取り組んでいた。

●桐の香水

かねてから筆者は、桐の花に興味を持っていたこともあって、桐の花の甘い粘るような香りで、香水をつくってみたらどうかと思っていた。

たまたま『香りの歳時記』(1985年刊)というエッセー集があり、その著者で、当時高砂香料の相談役もされていた薬学博士の諸江辰男先生にその話をもち込んだことがある。すると先生も以前から桐の花に注目していて、桐の花を集めて香りの成分を分析したということだった。その後お会いした折に、天然の香油を抽出し合成させてつくった桐の香水を持参されたのである。

キリの花が咲くのは、例年5月25日前後であり、豪華絢爛とまではいかないが、山間地の農家の庭先に、点あるいは線状に紫色の花房を梢端《しょうたん》に咲かせ、その下に佇めば全身に花の香りがそそがれるようにも思われる。桐の花は晩春の一時的な景観を彩るにすぎないのだが、その香水となると、いつでも花の面影を伝えることができる。私などは、香水とはおよそ無縁な存在と思っていたが、このとき以来、香りとは誰のためでもない、自分のためのものであることを知ったのである。

人それぞれ好きな香りがあるはずで、それがみな違うのである。『香りの歳時記』には、「良い匂いとはという問いに、貴方が好きだと思う匂いがよい匂いと考えて下さい」というくだりがある。やはり香水は自分が楽しむものであって、私の香りはこうですよといわんばかりに、香水をふりかけるのは日本人的ではないと思う。

本書でも、桐の花の匂いはどんな匂いなのか紹介したいのだが、人間には五感があるとされ、耳・目・鼻・口・手足により、それぞれ聴覚・視覚・臭覚・味覚・触覚がある。なかでも臭覚の表現は困難な分類に入る。桐の花の香りとは、強いていえばよい匂いであり、清涼感があって、甘い匂いである。

こういうと、さらにそれはどんな匂いかという問いが返ってきそうだが、あまり若者向きではなく、桐そのものが東洋の原産であることからも、東洋的な匂いであるとでもしなければならないだろう。

さて、桐の香水の名称だが、私としては、学名がオランダの王妃パウロニア・アンナに因んでいることもあって「パウロニア」はどうだろうかと考えていた。これなら万国共通の学名でもあり、この香水を海外に輸出することも夢ではないだろうと思い、諸江先生に提案していたのである。しかし、化粧品などの分野の商標登録で、すでに桐やパウロニア・ポーロニアが使用され、登録済みであることが判明した。そこで、諸江先生の案出された「フルール・ディノール」「北国の花」で商標登録がなされたそうである。

試作に当たっては、花から純粋の香油を抽出し、それをガスクロマトグラフなどの実験分析器によって、成分を分離内定し、さらに同成分を組み合せて香りを合成するのであるが、化学的成分だけを整えても同じ香りとはならない。そこには、長年の経験と勘によって調整しなければならないものがあるそうである。こうなると、例えば絵でも描くような、香りの創出ともいうべきで、むしろ芸術的な創作活動の結果ということになるようだ。

桐の花を詠んだ短歌に「庭の雨 まだ乾かぬ土に 散り落ちて女の如く 匂う桐の花」(土谷正夫)がある。この女の匂いとは、一体どんな香りをいうのであろうか。

当時固有名詞をつけない女とは、紅灯《こうとう》の巷《ちまた》(花柳街)に働く女性のことを指したものであろう。いわば脂粉をただよわす白粉《おしろい》の匂いであるかも知れない。その成分には、やはり共通のものがあるという。幼き頃の母親の匂いにも似た一種の郷愁を感じさせるものがある。

試作約1年足らずにして商品化された香水は、香料界にとっても珍しい存在であるという。これもひとえに、諸江先生の尽力のお陰である。香水から始まり、オーデコロンや香料石鹸の3種がつくられ販売されている。

●桐の紋章

鎌倉時代初期に発行され、主として皇室関係の行事や天皇の御袍《ごほう》(束帯装束のこと)について記述した『餝抄《かざりしょう》』の、日本紀略、弘仁11(820)年12月甲戌朔の條に「詔日、云々其服大小諸神事、及季冬奉幣諸陵、則用帛衣、元正受朝、則用袞冕《ごんべん》十二章、朔日受朝日、聴政、受蕃国便、奉幣及大小諸会、則黄櫨染衣」とある。

これは、天皇は神事に帛《はく》(厚手の絹)の御袍という純白の衣を用い、元日、朝賀のような大礼には袞龍《こんりょう》の衣《い》(天皇の礼服)を着ける。その他の諸礼には黄櫨染《きはだぞめ》(ハゼノキの皮とマメ科のスオウで染められた赤味がかった黄色)の御袍を召される規定を設けていると述べている。

そして、このなかの「黄櫨染」は装束図式に、御紋桐・竹・鳳凰・麒麟也とあって、これらの模様が平安時代初期から鎌倉時代にかけて、天皇の衣服に用いられていたことがわかる。

桐紋で代表的なのが皇室の「五七《ごしち》の桐」である。いつ頃から皇室の御紋章として用いられるようになったのか、年代的に判然としないが、応仁年間(1467年頃)に成立した『見聞諸家紋《けんもん》』

に桐紋の図があり、御冷泉院の世（11世紀中頃）奥州の凶徒征服の賞に源義家申請いて「五七の桐紋」を下し賜うとあるが、これには時代を古くして由緒のあるように言い伝えたのではないかという説もあり、『家紋の由来』の著者である生田目《いくため》経徳氏は、鎌倉時代前期に在位した後鳥羽天皇の頃（１１９０年代）ではないかと推定している。

家紋は、平安時代に公家の牛車の屋根や側面、あるいは衣服・調度に用いられていたことから、天皇の袍衣のみに用いられていた桐・竹・鳳凰などの模様から桐だけが取り出され、公的な天皇の象徴となったと考えられる。『家中竹馬記』には、後醍醐天皇が桐紋を足利尊氏に賜わったことの記載があり、足利氏は桐紋を拝領すると、さらにこれを一門に分け与えた。『見聞諸家紋』には、吉良・渋河・石橋・斯波・細川・畠山・上野・一色・山名・新田・大館・仁木・今川・桃井の諸氏が桐紋を用いている。

また豊臣秀吉も桐紋で有名である。天下を取ると豊臣朝臣の姓を賜わったくらいであり、桐紋を拝領したことは間違いないが、これまた多数の将士に桐紋を乱発した。

桐紋を与えられることは、当時の武将にとってあこがれの的であったに違いない。その結果、盗用借用が横行し、秀吉は１５９１（天正19）年、次いで１５９５（文禄４）年に菊・桐紋の乱用禁止令を出している。その頃皇室は代々の将軍に菊・桐紋を下賜するならわしがあったようで、徳川家康にも１６１１（慶長16）年に下賜されたが、家紋は辞退した。これ以後、紋章下賜は行なわれていない。

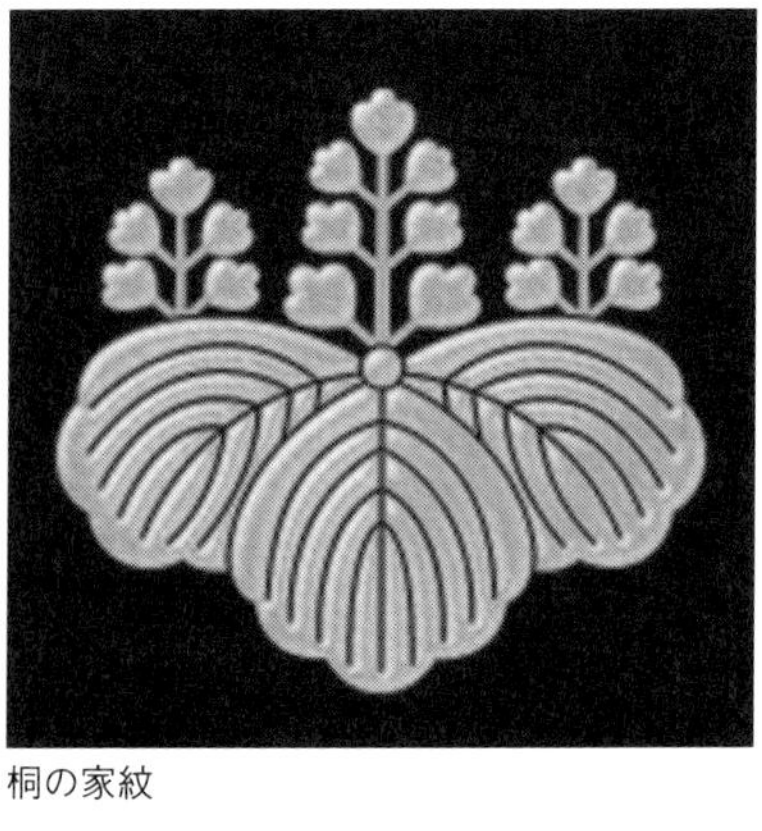
桐の家紋

江戸時代、将軍徳川家の葵紋は厳しく規制されていたが、菊・桐紋は野放しであった。『寛政重修諸家譜』によると、大名幕臣の総数１１１４氏、２４３３家のうち桐紋は４７３家もあり、20％近くにもなっている。

明治維新になって、再び菊・桐紋使用が厳禁されることになり、菊は皇室、桐は政府関係者のような取り扱いを受け、菊紋のほうが桐紋よりも厳しい取り締まりを受けた。桐紋の種類は通常花の数によって分類され、中央の花茎に7花、両側にそれぞれ5花あるものを五七の桐というが、葉の刻みが柔らかく、葉脈が太く数の少ないのが太閤桐、花の開いている花桐、葉や花茎の不規則な乱桐など、その種類は極めて多く、百数十種に及んでいる。植物に因んだ紋章では最も多いのが桐である。

●庭づくりと桐

江戸時代の前期、1710（宝永7）年に占いの専門実用書である『簠簋内伝《ほさ》（三国相伝宣明暦経註《さんごくそうでんせんみょうれきけいちゅう》）』（簠は四角い祭器、簋は丸い祭器の意）という書物が刊行されている。著者は平安時代の安倍晴明といわれているが確かではない。

その中に「地を相するに4つの法則があって、東に流水、南には沢畔、西に大道、北には高山がなければならない。之を青龍、朱雀、白虎、玄武に象る。若し東に流れなくば、柳9本を植える、柳は流水に臨んで繁茂する樹なるが故である。又、南に沢畔なければ桐7本を植える、鳳凰の来り棲むが如く災なく幸福が来る…」という記述があって、桐を家の南方の沢や田がないところに植えておくと、災禍を避けられるとして植栽をすすめている。

これと同じような記述が、平安時代後期に当たる1050年頃の書といわれている、わが国最古の造園技術書の『前栽秘抄』にある。これは関白藤原頼通の庶子橘俊綱の編纂になるともいわれているが、後に後京極摂政良経によって仮名字体で書き改められ、江戸時代に塙保己一の『群書類従』の中で『作庭記』と改題されてから、一般に知られることになった。

それによると「人の居所の四方に木を植えて、四神具足、天象と合致する地相、庭相の地とする。経に曰く、家より東に流水あるを青龍とする。もしその流水がなければ柳（シダレヤナギ）9本を植えて青柳の代りとする。西に大道あるを白虎とする。もしその大道がなければ楸（キササゲ）7本を植えて白虎の代りとする。南の前に池のあるを朱雀とする。もしその池がなければ桂（ニッケイ）9本を植えて朱雀の代りとする。北の後に丘があると玄武とする。もしその丘がなければなければ桧（ビャクシン）3本を植えて玄武の代りとする」と記述されている。

この内容は中国の四神相応説によったものと思われる。平安時代の画人延円や巨勢広貴などが庭づくりに携わっていることから、当時中国から渡来した漢語の造園書に依拠して指導していたと思われるので、その内容をそのまま伝えたものと見られる。樹種は中国産のもので、わが国には存在しない樹種も挙げられている。

前文と比較してみると、南を朱雀とするのは同じであるが、その対応樹種は桂9本とあったのが桐7本となっている。類似点もあるが桂とはだいぶ相違がある。長年の間に実例や経験が加味されて変化したものであろう。楸がキササゲかアカメガシワのいずれを指すのか明らかではないが、桐に似た葉や材であることから、いつの間にか楸7本が桐7本となってしまったようだ。

日本庭園の発達は飛鳥時代、あるいは平安時代にさかのぼるが、そのつくり方には法則性あるいは禁忌事項があって、案外他愛のないことも、それを聞くと気にかかるのも人情、人の心にやすらぎを与えるのが庭園であれば、好んで禁じられている忌みごとを犯すまででもないということである。『作庭記』にある経に曰くというのは、中国の経書の1つ『宅経』であるという。ある方法を伝え説得させる方便として、中国での故事を引用することはままあることである。

住居の造成に当たって、例えば東に沼沢、西に道路、北に丘陵、南に耕地など自由に地形を選ぶことのできた時代のことであり、快適な住居環境を得るため、温度、湿度、日照、通風など、さらには景観から庭園の仕様が決められる。中国大陸とは風土も違うのであるが、さらに時代の変遷とともに変化してくるのは当然である。

屋敷回りに桐を植えることが習慣となっている地方もあり、隣家との間に桐の木があったため、火災の類焼を免れたということもあった。

（八重樫良暉「桐と人生」より再編）

3章

キリを栽培する

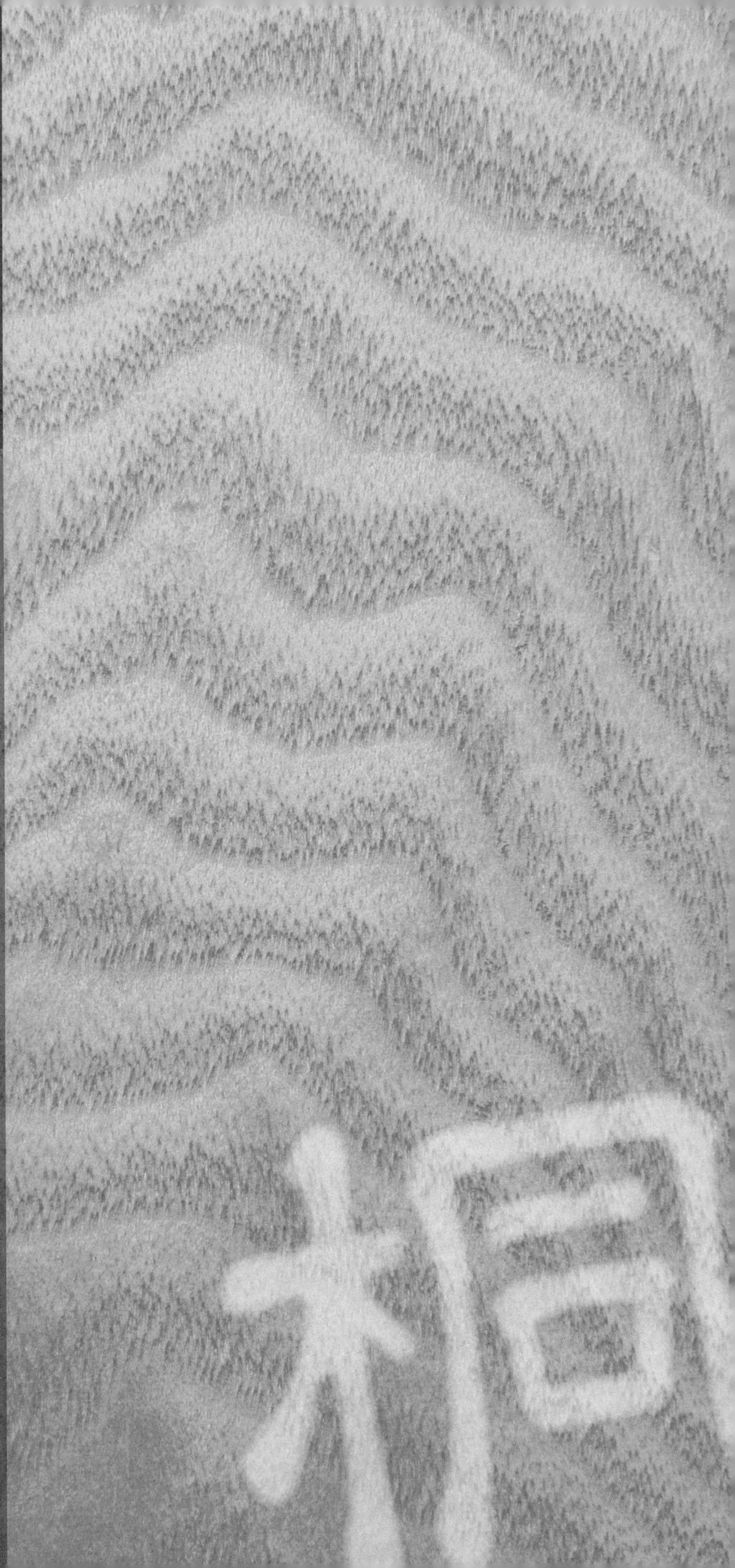

写真で見る三島町のキリ栽培

●キリ試験地

桐の里として知られる福島県三島町では、2000(平成12)年から、桐の植栽事業に取り組んでいる(写真1)。植栽試験地は、標高800mの山の中腹にあり、かつてスギが植えられていた場所である(地籍では柳津町の黒男山地内である)。標高は400~500m、西向きの斜面にあり、林業試験場の事前調査では「栽培不適地」とされた。その理由は、山砂のある火山灰地であり、表土も薄く、水もち・水はけの悪い、いわゆる「土かべ」がある土質(粘土質)であるということだった。

写真1　三島町で育てた17年生のキリ(写真:小林政一)

ただ、現地でキリを栽培してきた立場からいえば、伐採した後であり、土壌に木の養分がたっぷり含まれていることが予想されるうえに、近くに林道が通ったことから土盛りがされていることも魅力だった。これまでの体験から、林道をつくるために土盛りがされた土地は、キリが育ちやすいという実感があったからである。

広さは2町歩(2ha)。町の事業として取り組まれたもので、ここに1反歩(10a)あたり25本のキリを植える計画で、トータルでは500本になる。この植え込み本数はかなりの密植といえるが、事業計画に沿ってスタートした。写真2は植林した秋の様子である。

写真2 (写真:アイパワーフォレスト㈱、以下※はすべて)

●定植

植え付けには、地元の苗木生産者から購入した苗を使った。

かなりの密植のため、正三角形植えや正方形植えなどの植栽配列を考える余地などないほどの状況で、植付作業をした。

バックホーで、人一人が入れるくらいの植え穴を掘り、中に1本あたり次のような配合の堆肥を投入した。堆肥は、炭1袋（20ℓ）、発酵鶏糞1袋（10kg）、ダムの堆肥場から川流れ有機堆肥0・5㎥、森林堆肥半袋（10kg）を合わせて撹拌《かくはん》したものである。

●堆肥づくり

川の上流から流れてくるカヤやヨシ、木の葉などの川ゴミをすくい上げて、隣の金山町の上田《うわだ》ダム脇にある堆肥場（写真3）で堆肥に積んでいる。堆肥場はコンクリートの枠内に、間口3m、奥行5mくらいの区画が10区画つくられていて、この中に川から引き上げた川流れのゴミを主体にした材料を積む（写真4）。

写真3※

写真4※

●管理

翌年春には雪で斜めになった苗木を起こす作業を行なった（写真5）。斜めになると、右手前の木のように株元が湾曲して曲がりが出る。試験地は2〜3m以上の雪が降る地域である。

【台切り】

2年目の木を、10月に台切りしている（写真6）。地際ぎりぎりのところで切ると次の年には新しい芽が伸びてくるので、これを通直に仕立てていくという理屈だ。ただ、台切りは必須という指導だったが、どの木も必ず台切りすべきものでもないことが後でわかった。2年目で直径7〜10㎝くらいになっている。切断後はトップジンM（殺菌剤）を

写真5※

写真6※

塗っておく。500本の台切りをすると鋸が何本もダメになった。

台切りした脇から、新たに芽吹いてくる芽を見定めて、これを伸ばして仕立てていく。

【堆肥施用】

台切り翌年の春(5~6月)、堆肥を施用する。左に台切り後の若い芽が出ているのがわかる(写真7)。

写真7※

写真8※

写真8は、堆肥施用中の様子で、パワーショベルで運搬車に堆肥を積み込んでいる。手前にあるのが堆肥運搬車で積載量は0・9㎥。これで1本の桐について2台分(約2㎥)を施用する。

写真9は運搬車から堆肥を株元に施用しているところ。

【枝芽をかく】

写真10-1は3年目の木。葉が出ると、その上に枝芽が出てくる。これが側枝の出るもとになる。側枝が出ると直幹にならずに曲がることが多いため、真っ直ぐな木を仕立てようと思えば、この枝芽かき作業は、大事な作業になる。先端に鋸のついた道具を使っている。

写真10-2は5年生の木の芽かきの後である。

写真9※

写真10-1※

写真10-2※

【雪囲い作業】

2m以上の積雪がある山で、実際には雪囲いの高さが足りなかった。雪囲いの方法としていくつかを試してみた（写真11）。人が作業している木は萱を巻きつけているもの、その右は一見すると何もしていないように見える石灰硫黄合剤を塗布しただけの木。一番左にある木は、化学繊維でつくられた断熱コートを巻いているもの。

写真11※

写真12※

3通りのやり方を試してみた結果、石灰硫黄合剤を塗布するだけでよいことがわかった。萱は手間がかかる割に効果はない。化学繊維の断熱コートで覆うのも、雪の重みによって下にずり落ちてしまうから意味がない。雪囲いそのものは不要で、必要なのは、冬の積雪のある間に芽を野ウサギから守ること、雪解け後は株元を野ネズミから守ることであり、石灰硫黄合剤を塗布するだけでよいとわかった。

【胴枯れ】

苗木由来の胴枯れが蔓延するように発生した（写真12）。トップジンMを塗布するという指導に従って処理したのが写真13。この木は持ち直した。

写真13※

次頁の写真14はトップジンMを塗布しているところ。写真15では、殺菌殺虫剤を散布している。

防虫と胴枯れ対策は重要で、胴枯れは土の養分が不足してくるとすぐに出現する。苗に由来する胴枯れがあるので注意して観察し、早めに防除することが大切である。

写真16※

写真14※

写真17※

写真15※

【4年目の春作業】

写真16は4年目の木。枝芽かき、株元の消毒、雑草の刈払いが主な作業になる。中耕をすると横根を切ってしまうから植栽地の耕耘はしない。

【腰折れ状態の木】

写真17は6年目の木。中央の木は理想に近い形で生育しているが、左の木は、通直でなく途中で枝が出て、曲がりが入っている。

【7年目の木】

写真18の中央の太めの木。途中でやや曲がっている。ただ生長して太くなるに従い、曲がりは矯正されてくるので目立たなくなる。6年から7年目の木だが、この頃には育ち方の差がはっきりしてくる。間伐も必要なのだが、町の事業としてその要求は通らなかった。

写真18※

写真19は、7年目の木で、直径27～30㎝になっている。春の草刈り、堆肥施用を続けることが肝心。

写真19※

【立て直す】

写真20は雪で押された木を縄で起こしている。斜めになったまま放置すると、湾曲してしまう。曲がり気味の場合は根も折れることがある。

写真20※

写真21※

【草刈り】

写真21、22は草刈りの様子。植栽したキリの木のまわりの草刈りには2つの目的がある。一つは草を経由してくる虫を寄せつけないために必要である。もう一つは、草に養分を奪われないようにするためだ。8月近くになれば、草も伸びる。まめに全面刈りすると、肥料ともなる。

桐が細いうちは、刈払機で草と一緒に桐の木の幹も切ってしまわないように注意する。

草刈りは年に4回が理想的。時期としては、6月の梅雨入り前、梅雨の期間の途中、梅雨明け後の7月末、8月の終わり。2回目の梅雨期間の途中は株まわり1坪程度を刈る坪刈りでもよいが、あとの3回の草刈りは全面刈取りにする。

写真23では、刈払いの後、虫を駆除するために殺菌殺虫剤を噴霧している。雨の多い季節は、展着剤を使い効果が長く続く

写真22※

写真23※

ようにする。

【不良木の伐倒】

写真24は不良木の伐倒。雪で倒れたものは根を残して台切りし、新しい芽を伸ばすようにする。

【8年目の木】

写真25ではいずれの木も、通直で枝下高《えだしたこう》(根本から、その木の最も長大な枝までの長さ)も確保できている。これからは太らせる必要がある。堆肥施用も継続すること。除草剤はもちろん、人糞尿や化学肥料も施用しない。改めて間伐の必要性を感じたが、町から間伐が許可されなかったのは残念なことだった。

(五十嵐馨)

写真24※

写真25※

キリ栽培の基本

◇良材生産のおさえどころ

キリの良材とは、どのようなものであろうか。その条件を列挙すれば、次のようになるだろう。

①曲がりのない直材
②虫孔がない
③傷がない
④末口直径21㎝以上、材長3m以上の素材が採れる枝下高《えだしたこう》のある丸太。この間に節や枝がないもの
⑤品質＝硬軟・光沢・粘りの有無・狂いの大小、年輪の広狭、目(年輪の濃色部分)の評価が高いもの

このうち、①〜④は植栽に当たって注意すべきこと、⑤は用途に応じた販売によって左右されるなど経営判断を伴うものといえる。

優れた桐材の中で最も優れた高級材を「銘木」と呼んでいるが、銘木の条件は次の通りである。

①樹齢が50年以上であること
②胸高直径が60㎝以上あること
③枝下高が5m以上あること
④直幹で虫孔、傷などの欠点のないこと

枝下高が5mを超えるニホンギリ(写真:小林政一)

●高級材「目物(めもの)」の条件

年輪密度が大きく、柾目材の採れるものは高級材とされている。柾目材の基準は、木口断面判型1寸(約3㎝)の内に4本以上の年輪が存在することである。1本の素材に十数本の年輪があることが望ましいの

で、伐期齢は、最短でも15年内外となる。これに見合う枝下高は３～４ｍとなろう。ただ、このレベルのキリでは、高級材ではなく並材である。

枝下高３ｍという基準は、桐材の主流用途である和洋家具を基準にしたもので、家具の素材として必要な長さは、最低４尺（１・２ｍ）である。４尺もの２丁取りが業界で通用する一つの基準になるので、最低でも２・５ｍの材料が確実にとれる枝下高が必要になると考えられるからである。

琴材を基準にすれば、１・８ｍが１面になるため、２面分をとるためには３・６ｍが必要になるということになる。もともとはこの３・６ｍが基準であったようだ。

伐期齢を重視した枝下高の経験的な目安

伐期齢	枝下高(m)
１０年	3
１５年	3～4
２０年	4
２５年	4～5
３０年以上	5～6

枝下高が高いほど長い素材が採材でき、材質の向上も期待できるので、枝下高は高いほどよいと思われがちである。しかし、形質や材質以外の条件も考え合わせれば、枝下高の決定にはおのずから限界がある。

直径を太くするには枝下を短くすることだ。根元を太くしないと、直幹で、しかも太い木にはならない。それには根元がしっかりしていることが必要で、太くするには枝下を短くするよりほかにない。

逆に、枝下高が高いほど直径の生長が遅れ、短い年月で必要な幹材の太さが得られない。また、表土の浅い土地では短い年月で生長が停滞するので、幹が充分な太さになる前に伐採しなければならない。

伐期齢をもとにした枝下高の目安を上の表に示す。

●栽培タイプ――どこに植えるか

①桐だけの畑（純林）、スギなどとの混植林

畑や林地にキリだけを栽培する方法が、一般には行なわれる。５ha以上の大面積では、台風などの直撃で大きな損害が出る危険性をかかえる。個人で５ha以上の経営は避けたほうがよい。また、林地の疲れも進むのでキリだけの純林では連作を避ける。

純林よりも針葉樹、広葉樹などの組み合わせを考えた混植林のほうが、一般に健康林とされる。各種の被害への抵抗性が増すともいわれるが、作業などがむずかしく、効率はよくない。

スギなどとの混植林は、耐風効果、病虫害予防、表土の流出防止、雑草抑制などを考えて、さまざまに試行されてきた。

キリを植えてから３～４年後に、スギを植える。桐から90～１１０㎝離して植えると、スギの間にキリが枝を出す形となり、

スギ林の中でキリは真っ直ぐに育つ傾向がある。杢目もはっきり出るハリのあるものになる。それにスギ林に守られて虫の害が少ない。

比較的土壌が肥沃で北向きの土地に育つホオノキ、クリなどの雑木と一緒に植える。萌芽更新をするときに一緒に植えると、木は太らないが上に真っ直ぐ伸びて、目の詰まったいい木が育つ。スギは陰をつくるが、雑木は葉を落とすから日が当たりやすい。

②農作物との組み合わせによる混農林

朝鮮ニンジン、豆類、陸稲、ナタネ、桑、ニンニク、ラッキョウ、アスパラガス、フキ、キャベツ、イチゴ、麦、ナタネなどを、キリの下作として混植する。初夏までに収穫を終えるものがよい。ただ、よいものになるかどうかは未知数である。

③散植法

林地に自生したキリ苗を見つけてきては畑に養っておき、キリに向いていると思う林地に点々と植えていく方法。自家利用を考えたもので、銘木が多く育つ。

④周囲作

畑の周囲、林地の苗畑や幼齢林の周囲に列植する方法。

◇良材生産のポイント

①適地を選ぶ
②直幹をつくる＝台切り、芽かきの徹底、十分な元肥
③3m以上の枝下高
④病害・虫害・獣害の完全防除
⑤植え付け後数年間の育成、肥培、防除など生産管理の徹底がポイント

●栽培適地を選ぶ

キリ栽培で成功する最大の条件は、適地を選んで植えること。これは育成技術や肥培管理よりもはるかに重要なことである。

キリは生長の早い樹木であり、養分吸収率は一年生雑草と同じくらいといわれている。したがって、肥沃な土地でなければ早い生長を期待できない。しかも、農作物と違って永年性であり、巨大な樹体を支え、かつ養わなければならないので、土壌が深くなければならない。そこで、土壌の構造も問題になる。

福島県内で地質を見ると、喜多方市、西会津町、三島町などの地域は石灰質が少ない。「年輪にハリがある材」をつくるには、石灰が必要なようだ。「年輪にハリがある」とは、年輪の木目がはっきりと見えること。下駄材などでは、高級品になるほどこ

の年輪がはっきり見えるものがよいとされる。キリの木の剪定枝などを腐らせた堆肥は、石灰(カルシウム)施用と同じ効果があるようだ。

道路工事で路肩に土寄せされたところに、たまたまキリの種子が落ちて芽を出し育ったようなキリは、日当たりもよく育ちがよい。

●栽培適地の条件

養分が山から得られる、水はけがよい、適度な湿り気もある、風は弱く、日当たりもよく、表土が深いことなどが適地条件になる。

水はけをよくすることは大事なポイントだ。水が抜けないと山でもカビ地となり、よい木は育たない。手で表土が掘れるところはよい。また、「山が動く」ところにはいい木が育つ。粘板岩は水に溶けていくためか、「山が動く」感じだ。山が動くと木の根も刺激されて育ちがいい。

桐の栽培に向く適地の条件をまとめれば、次のようになる。

①土壌が深く、1m以上あること
②土質は壌土または砂礫質がよく、地下水位が低いことが重要
③地形は排水のよい緩傾斜地がよく、傾斜角度は20°未満が望ましい。傾斜面の方向は東、東南、北向きが理想的である
④土壌酸度(pH)は5・0〜7・0が適当
⑤風当たりの弱い土地

例えば、山間地ならば、谷筋のスギの生育地で斜面の中腹、排水のよい河原跡地、崩落扇状地がよい。また土地の肥沃度を確認するには、その指標植物として、肥沃な土地を好むクルミ、トネリコ、ケヤキ、カエデ類、トチなどの樹種が自生しているかどうかを見ることも必要である。

こうした適地に植えて適切な管理を施したものと想定して、生育の目標を直径生長で示したのが下のグラフである。l_2は、10a当たり40本植え、10年間で半分を間伐し、枝下高を3・0〜4・0mに

枝下高と直径生長との関係

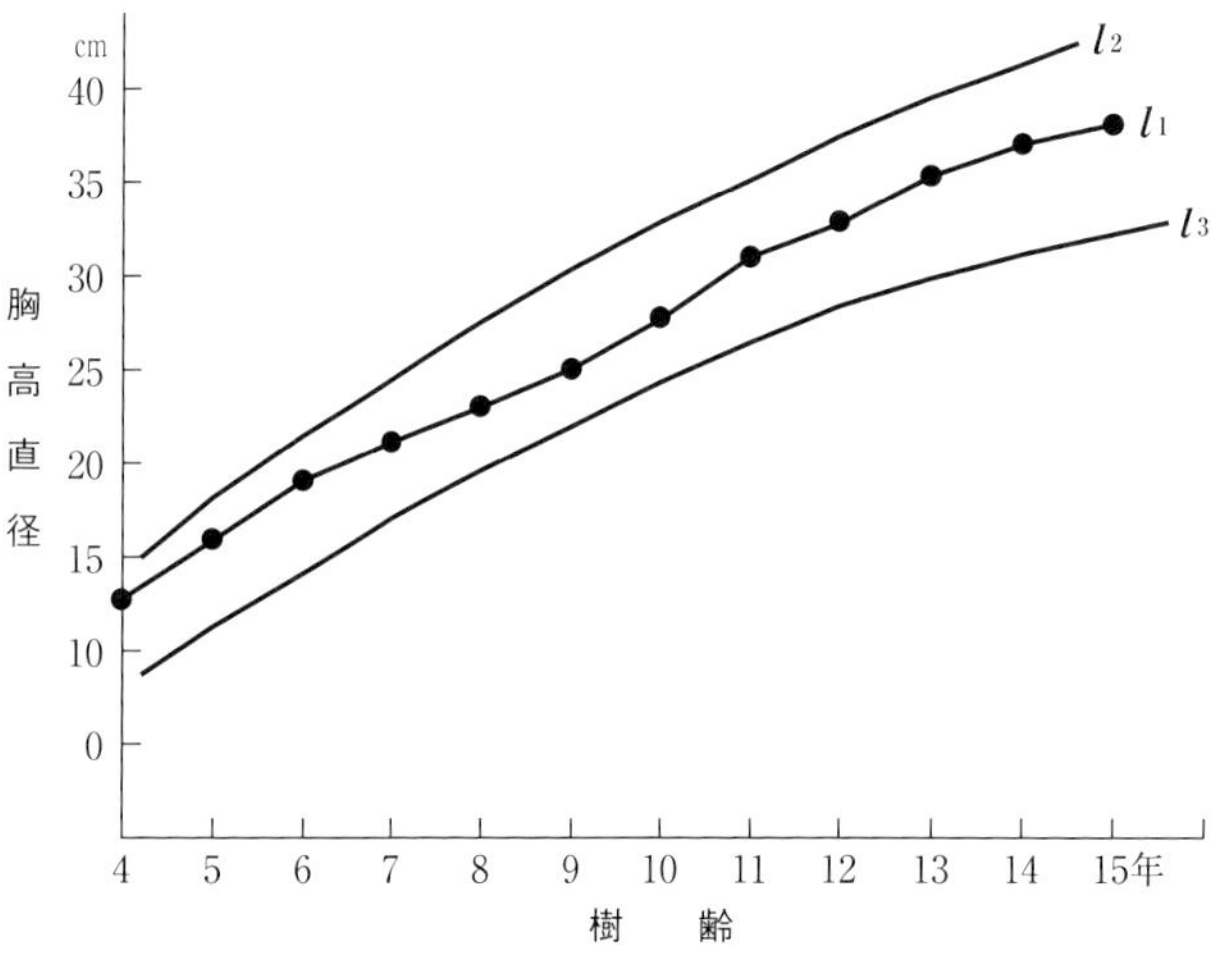

注：(1)l_1は、10a当たり40本植え、10年間で半数間伐、枝下高3.0〜4.0mの場合。
(2)枝下高を高くすればl_3、低くすればl_2の傾向になる。

した場合。枝下高を低くしたのがl_2、枝下高を高くしたのがl_3である。

◇育苗法

苗木はしっかりした苗木を植えたい。優良な苗木を植えると、台切りなどをしないですむし、私は実生からよい苗木を育てることが肝心だと考えている。２０１６年度からマルチ育苗を始め、翌年にはマルチ育苗での発芽が確認されている。

●実生法

実生法とは、苗床に種子をまいて苗を育てる方法である。実生で育て分根して苗にする。ただ、実生からの苗木がそのままいい苗木というわけではない。江戸時代の記録にも実生苗を養成して分譲した記録がある。しかし、稚苗期の耐病性が非常に弱く、かつてはほとんど成苗前に全滅することが多く、昭和30年代以前は用いられなかった。

【実生法の利点】

実生法の利点を挙げれば、以下のようになるだろう。

①新しい品種や雑種をつくることができる
②テングス病などの病原体の伝播を断つことができる
③体験上、寿命が長いとされる
④一時に多量の小苗を生産できる

【実生苗の育成】

⑴採種

「よい親からよい子へ」のたとえ通り、母樹の選定には細心の注意を払う。

目的にあった種の純林を探し、そのほぼ中央にある健康なキリを母樹とし、日当たりのよい東南方向に張り出した枝から11月中旬に蒴果《さくか》を採種する。樹齢15〜30年のものが適当。蒴果の中から取り出した種子は、紙袋に入れ、さらに外部の空気を遮断するためにビニール袋で密閉し、冷暗な場所に貯蔵する。２〜３年ほど長期保存する場合は、冷蔵庫を利用する。紙袋のまま放置すると、種子内の水分が抜けて1年で枯死する。

⑵地ごしらえ

日当たりのよい土壌質の畑の土(できれば新しい畑がよい)を選んで苗床をつくる。予定地の全面耕起を行なった後、石灰チッソを1a当たり5kg程度を全面散布し、さらにネキリムシ防除剤を規定量散布して二番耕起を行なう。

畝《うね》幅1m、畝高15cm程度の苗床をつくり、床面を砕土して平滑にならす。有機質肥料は避け、リン酸、カリ肥料を1a当たりそれぞれ2kg程度施す。

三島町の栽培者の中には、鶏糞1袋(10kg)と炭1袋(20ℓ、有機堆肥0・4m³をよく攪拌してから床土にする人もいる。鶏糞は秋に撒くと翌年の春から効く。バーク堆肥よりも速効性がある。

苗床ができあがったら、飛来してくるキリの種子の落下を防ぎ、苗床の地温を上昇させる目的で、黒マルチで10日間ほど被覆する。

(3)播種

苗床を仕上げて10日ほどでマルチを剥ぎ、1m²当たり5g程度の種子を全面にまきつける(散播)。まきつけは、風のない早朝か夕方に行なうほうがよい。

散播後に厚さ3mm程度覆土する。覆土には焼土が使えれば理想的。覆土後、厚板などで上から強く鎮圧する。

その後、土壌消毒と種子消毒を兼ねて、消毒液を目の細かいジョロで、1m²当たり1ℓの割合で2回に分けて散布する。散布後、透明なマルチで播種床を被覆するか、またはトンネル被覆する。

発芽したら、マルチを外し、トンネルマルチだけにする。発芽後は雨に当てないこと。これが最大の秘訣である。

発芽は気温が18℃くらいに上昇し、最低気温が15℃を下らない時期に始まるようだが、発芽時1℃の記録もある。一般に亜熱帯品種の発芽は日本在来種に比べて10日ほど遅れる。

発芽当初は双子葉で雑草と間違えやすいので、注意して扱う。

(4)発芽後の管理

とくにトンネルマルチの場合、発芽前でも苗床が乾燥するので、灌水しなければならない。発芽前でも発芽後でも、灌水するときには薄い消毒液にしてから撒いたほうがよい。灌水は5日おきくらいに行なう。

発芽時期に紛れ込んでいる雑草は稚苗よりも生長が早く、少しでも除草が遅れると、引き抜く際に稚苗を傷めることがある。春先に晴天が続いた場合には、苗床の乾燥も激しくなるので、日中は寒冷紗などで日覆いをすることも必要になる。

また、発芽後の密度が高くなるので、常に少しずつ間引くことが大切である。

発芽後、苗丈が10cmに達するまでにおよそ60日間を要する。この間に立枯病や炭疽病で全滅する危険性も高い。発病の契機は、降雨によって稚苗の茎葉に土壌粒子が密に付着する(土袴の付着)ことである。したがって、稚苗を雨に当てない処置として、トンネルマルチによる屋根掛けが必要になる。これらの病気の予防には、薬剤散布を10日おきに行なうとよい。

食葉害虫防除の散布も10日おきくらいに行なう。

追肥が必要だと判断した場合、チッソ肥料は避け、苦土重《くどじゅう》焼燐《しょうりん》を10㎡当たり0・2kg程度を水に溶いて施す。

(5)間引きと移植

発芽成績がよいと密生するので、苗長5㎜になる頃から、頻繁に間引きする。間引き苗は捨てるが、苗長5㎝以上の間引苗は、あらかじめ用意してあるポットに移植しておく。間引き後の苗の取り扱いは、育苗者の方針の立て方によっていろいろなやり方がある。

例えば、1㎡当たり10本程度の小苗を目指すなら、翌春、掘り取って少量の種根を採取した後、再度株伏せを行ない、2年苗を成苗として収穫する。

1㎡当たり数木の最終密度にするなら、細幹になるが、苗丈1m前後の成苗を収穫することができる。播種期を遅らせ、採集密度を1㎡当たり50本くらいにして、いわゆる株取り(2年苗用の株づくり)する場合もある。

実生の1年生苗は、寒さや雑草に負けやすい。とくに、苗幹が細いものや小苗などにその傾向がある。したがって、1年生の小苗を、秋に山出し(定植)することは危険である。

ほかの実生苗は晩秋に掘り取って、別に冬囲いしてやる必要がある。

ポットに移植しておいた間引き苗は、日よけ、雨よけした圃場で管理した後、苗丈15㎝前後に生長した頃、本畑に定植する。畝幅75㎝、株間70㎝くらいの植栽の密度が適当である。

福島県三島町でのキリ育苗

会津桐の産地の一つである福島県三島町では、２０１７年４月からキリの実生苗および分根法による育苗を始めた。ここでは写真でその経過を紹介したい。

●実生苗の育成

播　種

実生苗育成のための播種作業。幼苗期が最も病害にかかりやすい。そこで無菌状態を目指すために、培土はバーミキュライトにし、1ポットに対し種を３～５粒程度表面に載せ、給水は底面灌水させて育成した

発根

はじめに根が出る

発芽

２㎜程度の芽生えを迎えた

本　葉

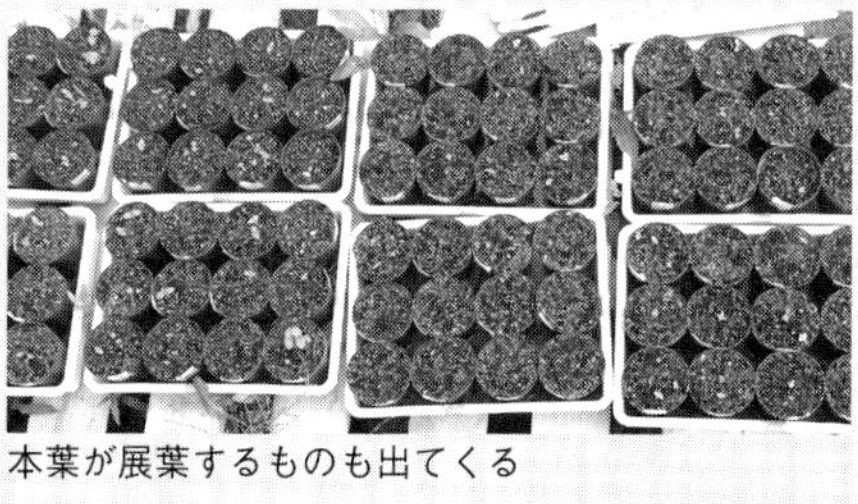

本葉が展葉するものも出てくる

鉢おろし（植え替え）

苗が生長し、ポットから根が出てきたので、一回り大きいポットに植え替える

植え替えると、生長速度が増す

概ね9月上旬で生長が止まる

成木と同じく、気温の低下に伴い落葉が進み、全葉が落葉した状態で冬を迎える

●分根法による増殖

前年度採種した分根

前年度採取した分根。概ね親指程度の太さで、10〜15㎝程度を目安に根を採取し、切り口にトップジンを塗布して病害を予防する

埋土前の分根

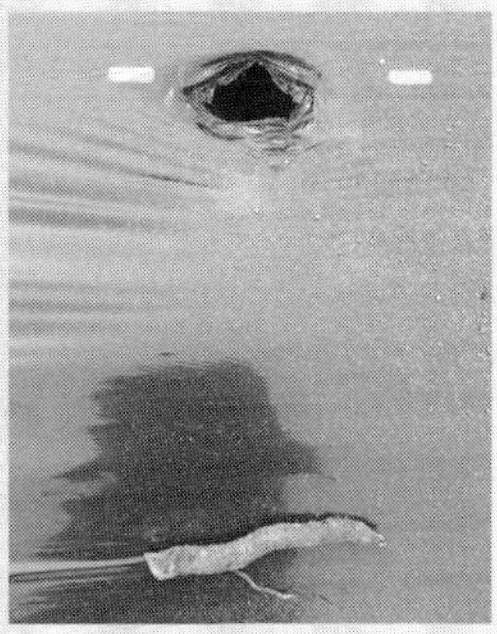

掘り出し、埋土前の分根

芽生え

芽生え、種子由来のものより初期の芽生えが明らかに大きい

茎立ち

芽生え確認後、翌週には茎立ちしていた

だいぶ茎立ちしている。芽は数本出てくるので、1本の勢いのよい芽だけを残して育成

極めて早い生長

夏期は極めて生長が早く、7日で20㎝以上伸長するものもある

掘り取り・植え替えのサインは落葉

害虫

ウスオビヤガ等の害虫によって食害された葉

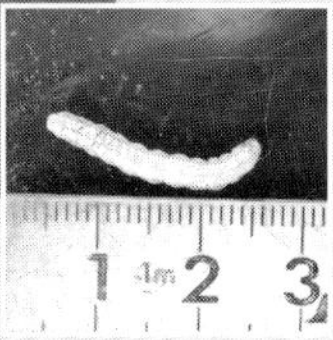

葉の食害幼虫

根の状態

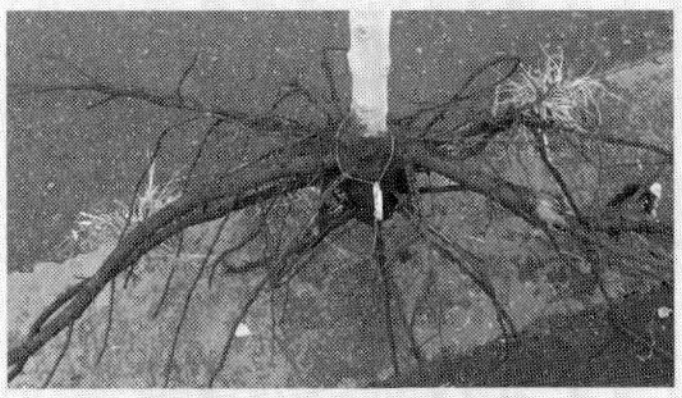

掘り取った苗の根。6か月半でこれだけ根が張る

（三島町産業建設課　桐専門員　藤田旭美）

●山引苗の利用

キリの実生苗は、稚苗期における病害に極めて弱い。しかし、病菌の少ない自然の林野や開墾地などには、意外に健全に育つものである。とくに、皆伐跡地を焼き払った土地、炭がまの跡地、山火事のあった林野、たき火の後などには、実生苗の自生が多い。人間の住む宅地内にも、無数に自生することが多い。

こうした天然の実生樹は一種のエリートとみることができよう。会津地方の人々は昔からこの実生樹を引き抜いてきては、山畑に移植して育ててきた。天然の実生苗は購入苗よりも丈夫で病気にかかりにくく、寿命が長くて育てやすいと語り継がれてきた。

自生した実生苗は、1年目にはせいぜい20㎝程度しか伸びない。したがって越冬の際に地上部は枯死する。翌春、生き残った株から芽が出て伸びるが、これもまた越冬の際に地上部が枯れる。翌々春、今度は充分に根の張った株から太い芽が出て、強大に伸長する。この強い芽が冬に耐え、他の植生と調和を保って、自然の大木に生長するのである。

●分根法

分根法とは、成苗の側根のうち、直径1・0～1・5㎝のものを、長さ15㎝内外に採取して種根(くだ根ともいわれる)をつくり、これを苗畑に伏せ込んで発芽させ、成苗させる方法である。古くから行なわれてきた繁殖法で、最も安全・確実な育苗法である。いわゆる無性繁殖法であるから、優れた個体から根を取れば、まったく同じ形質の優れた苗ができる。逆に不良な遺伝形質を持つ個体から採取すれば、不良苗ができてしまうことにもなる。ただ、根に病原菌がいれば、感染が分根によって拡散する可能性もある。

(1)種根の採取

最初の分根は、優れた親木(若木)や大苗から採取する。

1本の根を何本かに細断する(図1)。根元側の端は茎極《けいきょく》といい、根先側の端は根極《こんきょく》という(図2)。

土中に伏せ込む場合は、茎極を上にしてさすこと。

秋(11月)に採根したものは、数十本ずつ結束

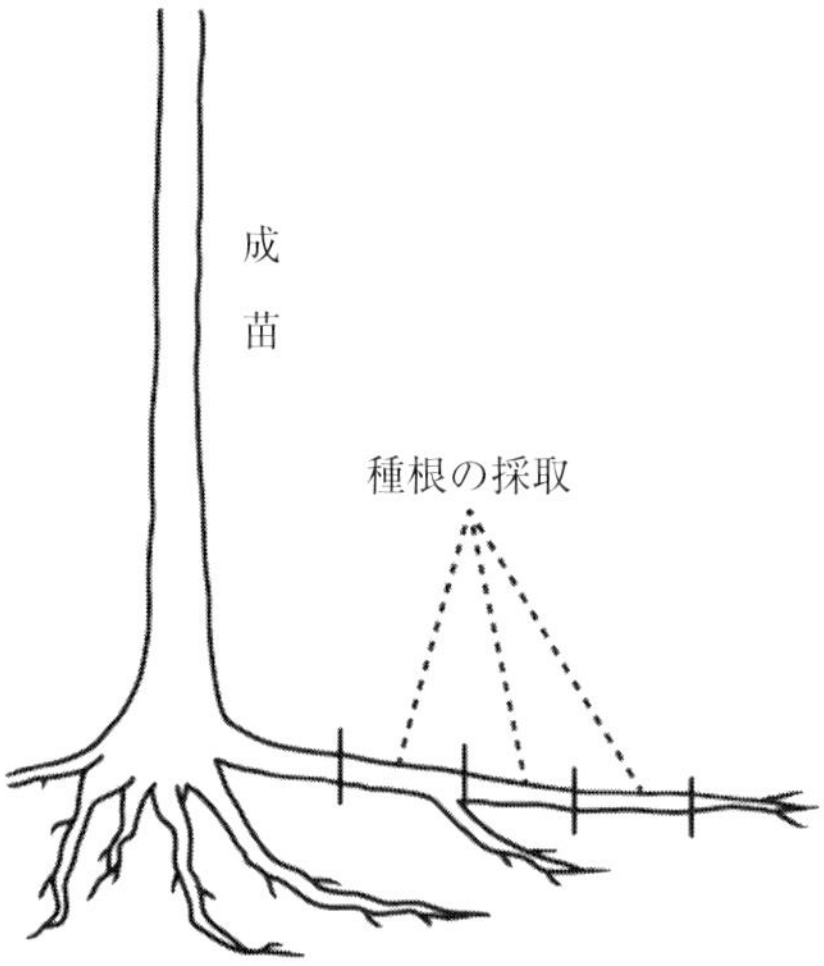

図1　分根法。種根の採取法

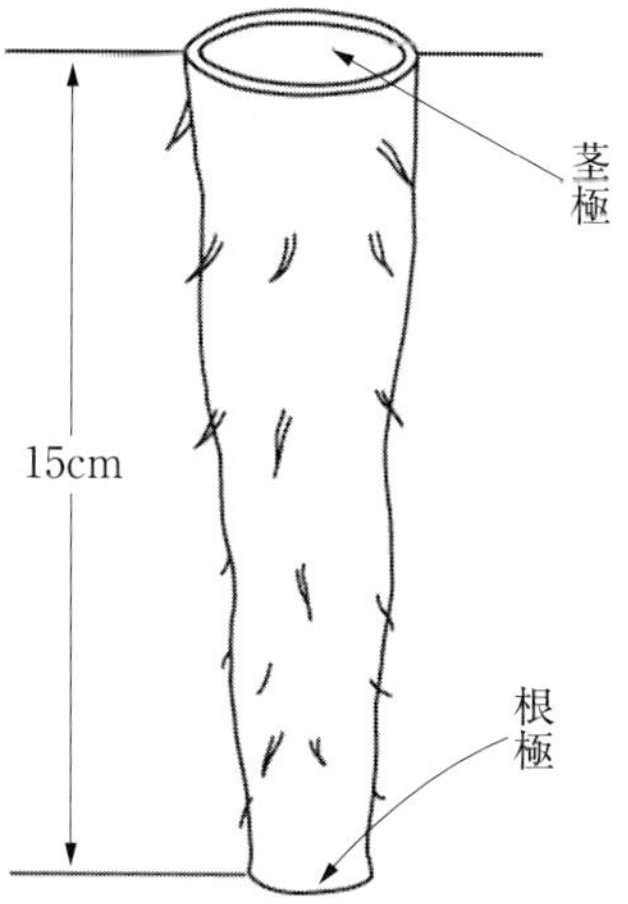

図2　種根の部位名

して、防寒、防水、防乾に注意しながら土中に埋蔵して春を待つ。なお、積雪のある地方では、野ネズミに見つかると食害されるので、貯蔵前の種根にアンレス10倍液を塗るか(浸してもよい)したほうがよい。

(2)苗畑の地ごしらえ

日当たりのよい壌土質の土地を選び、全面耕起する。厳冬期に耕起すると、土壌中の害虫を寒気に当てて駆除できる。

一番耕起したあと元肥を施す。10a当たり、完熟堆肥1t、鶏糞500kg、石灰チッソ40kg程度である。

施肥溝を掘って多量の堆肥を施して畝立てした場合、春先の乾燥で種根が枯死したり、厩肥に種根が接触して枯死したりする場合がある。

土壌害虫防除のネキリムシ、ヨトウムシの予防に駆除剤を10a当たり3kg散布。

畝幅90cm、株間80cmで、やや大きめの畝をつくると根系を発達させることができる。降雨量の多い地方は高畝、乾燥しやすい地方は低い畝にする

大苗より中苗(在来種で1・2m)を多くしたい場合、畝幅80cm、株間75cm程度にし、種根の伏せ込み時期を20日ほど遅らせる。

(3)種根の伏せ込み

4~5月頃取り出し、種根は1~2日陰干しする。その後、防カビ剤に浸漬しさらに石灰乳液に浸してから伏せ込む。

伏せ込みは、45°くらいの傾斜をつけて「斜め挿し」にする。垂直にさすと、根系は四方に発達しやすいが、発芽率が低下する危険性がある。挿入する深さは茎極の上に2cmの厚さで土が載る程度にし、足で踏みつけることが大切である。土と種根が密着していないと、種根が乾燥死するので注意する。

(4)芽かきと除草

【芽かき】

種根を伏せ込んでから3週間前後で新芽が地上に現れる。土壌水分が充分ある場合、3~4本の新芽が出る。新芽が5cm程度に伸びた頃、一番元気な芽を1本だけ残して、ほかはすべてかきとる。芽かきの時期が早すぎると、最後に残した大切な芽がヨトウムシにやられて種根が枯れることがある。芽かきをするときに手で乱暴に扱うと、種根が動いて枯れることもあるの

で、ハサミを使って行なう。

【除草】

苗の小さいうちに、残留性の少ないグラモキソンを散布する。このとき、薬剤を苗にかけないようにする。伏せ込み直後に、黒マルチで畝を被覆しておくと、地温の上昇も促しながら、抑草の効果もあるので、手間が省ける。

中耕は省いてもよいが、もし行なうなら7月半ばの速効性肥料を施した直後にする。

(5)病害虫の防除

育苗時の要注意の害虫が、ネキリムシとヨトウムシである。種根のまわりに集まり、夜明け頃に、地上に這い出してきて、ヨトウムシは新芽の萌芽し始めたその根元から噛み切って種根を枯らす。一方、ネキリムシは種根から発根した根を食害する。いずれも発芽歩留りを悪くする。

防除としては、発芽直後に根元に薬剤散布する。

食葉害虫では、アメリカシロヒトリ、シモフリスズメなど多くの蛾類が新梢に産卵することによって発生する。アメリカシロヒトリの成虫が飛び回り出したら、薬剤防除する。

病害はあまり発生しない。テングス病が発生したら、防除法はないので、引き抜いて焼却する。炭疽病や葉に褐色の斑点が現れる褐点病は、薬剤防除する。

(6)掘り取りと貯蔵

11月下旬には生長が止まる。晩秋から初冬にかけて降雨量の多い地方は早めに掘り取って林地に定植するか、冬囲いして貯蔵する。その際には、野ネズミ・野ウサギの食害予防のための薬剤を散布しておく。

◎定植

【定植の時期】

秋植えと春植えがあるが、大規模に一斉に植える場合は、春から夏にかけて地ごしらえした後、11月に植え込む。冬の寒さが厳しいと予想されるときには、春植えにする場合もある。ただし春植えは適期期間が短くなる。

【栽植密度】

生長の早いキリを、生長の遅いスギ並みの本数、つまり坪(3・3㎡)当たり1本の割合で植えたらどうなるであろうか。3年もすれば枝葉が茂り、地上に光が差さなくなり、キリの生長が止まってしまう。この状況を打開するためには、売り物にならない細いキリを片っ端から抜き伐り(間伐)して、残ったキリに大きな空間を与えなければならない。生長の早い樹木ほど疎植にすることが一般常識である。

だからといって、20年も30年も先のことを考えて疎植にしても、最初の10年は土地が遊び過ぎたり、雑草の巣になったりして、不経済である。そこで、適当な植え付け本数が決まってくる（表）。

在来種：10a当たり40本内外。ただし、8〜10年までに約半数を間伐する。20年以上育てる場合は、間伐を続けて最終的には10a当たり15本くらいにする。

タイワンウスバギリ・ノッポギリ・ココノエギリ：関東以南で栽培する場合は、10a当たり30本以下とする。ただし、10年までに30〜50％を間伐する（林齢7〜8年から間伐開始）。13年以上育てる場合には、間伐を続けて、残存木を10a当たり12本内外とする。10〜15年以降の間伐は、桐の生長状態に合わせて調節すべきである。

表　植え付け本数早見表（10a当たり）

	正方形植え							正三角形植え	
水平距離（m）	3.6m（2間）	4.5m	5.0m	5.5m	6.0m	6.5m	7.0m	三角形の高さ（m）	植付本数（本）
3.6	75	58	55	50	46	42	39	3.12	86
4.5		49	44	40	37	34	31	3.89	56
5.0			40	36	33	30	28	4.33	46
5.5				33	30	27	25	4.76	37
6.0					27	25	23	5.19	31
6.5						23	21	5.62	26
7.0							20	6.01	23

【植え付け方】

植え方には正方形植えと正三角形植えとがある。正三角形植えよりも正方形植えのほうが作業はやりやすい。ただ正三角形植えは隣接木どうしの間隔がすべて同じなので、同面積での植え込み本数は正方形植えよりも15％ほど多くなる（図3）。

定植するときの秘訣は、苗の根を充分に広げ、やや浅植えにすることである。苗の根は堆肥や鶏糞に直接接触すると枯れることがあるので、直接の接触を避ける。植え込むときには、腐植の多い表土を根元に寄せて踏みつける。植え込みが終わった後、苗の株元がまわりの地面よりも幾分高く仕上げることが大切である（次頁の図4）。

図3　正方形植え（左）と正三角形植え（右）

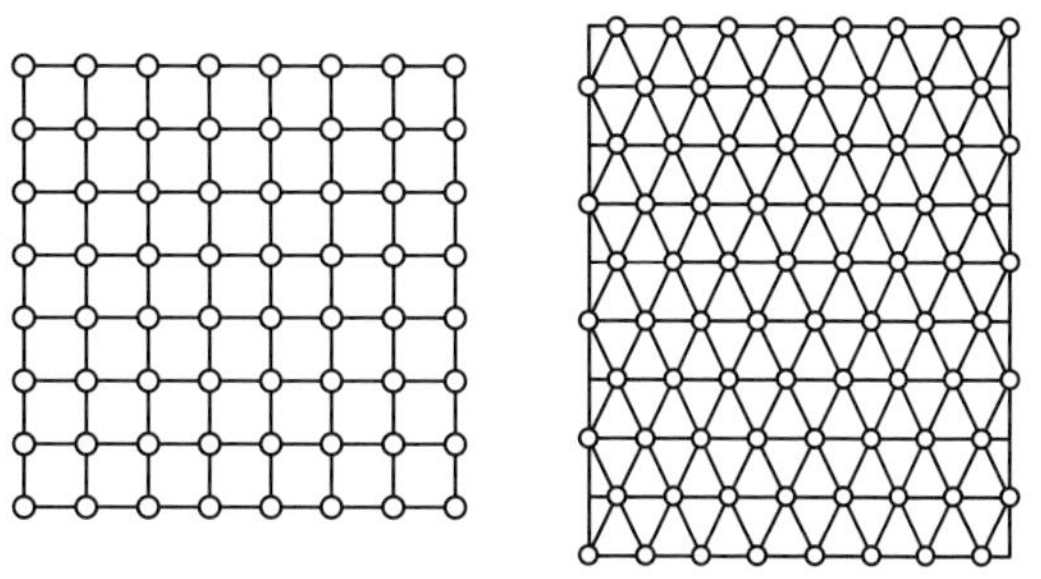

【地ごしらえ】

◎一般的な地ごしらえ

林野に植える場合、雑草を刈り払った後に、火入れ（焼き払い）を行なうことが最も望ましい。林地に雑木の伐り株がたくさんある場合でも、いちいち伐り株を掘り起こす必要はない。雑木の根の腐ったところにキリの根が侵入していくので、かえって

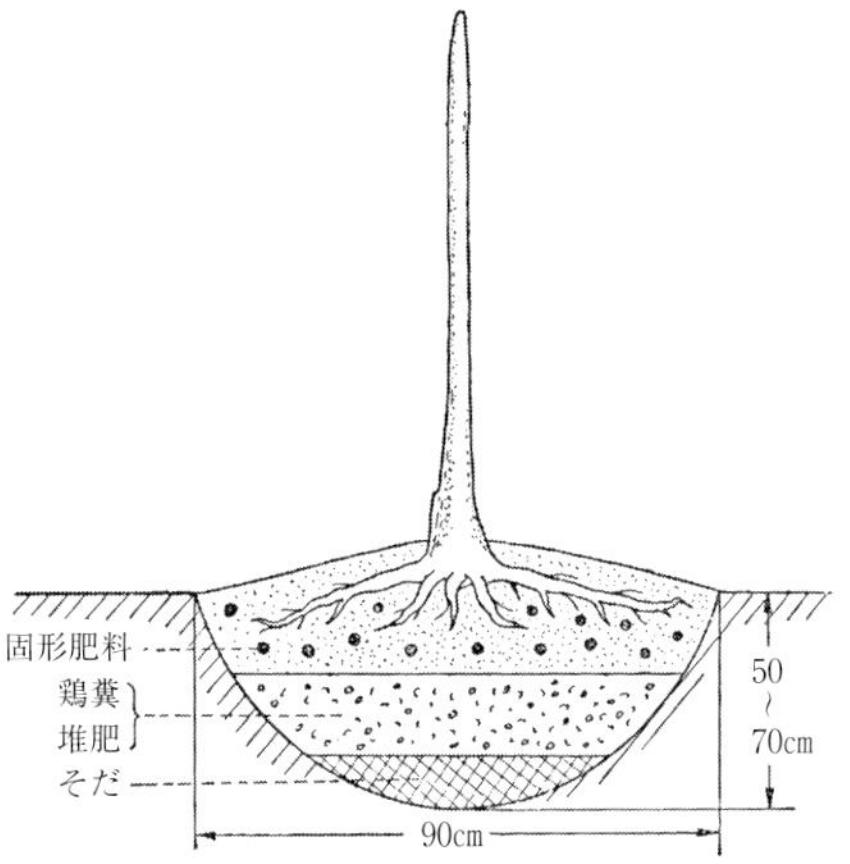

図4　定植のやり方

成績がよい。また、植栽地に凸凹がある場合は、ブルドーザーで平滑にするようなことはせず、地形のままに植えることが重要である。

　植栽地の清掃が終わったなら、縄を張って定植位置を決め、目印として石灰を一握りずつ撒いて歩く。定植位置が決まったら、植え穴を掘り下げ、そこへ堆肥、鶏糞固形肥料を投入し、土と混ぜる。地形のよい場所では、土木機械のユンボを使うと効率的。ユンボなら1日当たり２００～２３０本くらいの穴掘能力があるから、人件費を考えれば決して高価なものではない。

◎階段地ごしらえ

　斜面植栽の場合、植栽地を水平階段にして植えることがある。スギの植林で戦後に普及した「急傾斜面における階段造林」は、林地の表土流出を防ぎ、強い陽光による林地の乾燥を弱める役割を果たす。山地斜面に幅２・０ｍほどの階段を切って、そこにキリを植える方法である。

●三島町の事例

　町の事業で、スギの伐採跡地にキリを植栽することになった。この土地の地質調査を福島県林業試験場にお願いしたところ、結果は山砂地、土壌分析の結果もキリ栽培には向かないとの結論が出たが、町の事業は変更なく進められた。

　このため土壌改良の必要があった。貝殻をくりぬいてつくる輸出向けのボタンを製造する工場から出る貝殻の廃材（火を通さずに焼かないで石灰にしたもの。これを焼いてみたところ、もろくなって分解した）を、カルシウム分を補い、酸性土壌を改良するものとして投入した。

　キリには石灰が必要である。なぜ石灰か。キリの含有成分にはカルシウムが多いので、生育土壌中にもカルシウム分は必要と思われる。昔は植え穴を掘ったあと、周囲にある残木などをその穴の中で燃やしてから植えたという。これも雑菌を消毒し、ミネラル分を補うものといえそうだ。別の場所で１００本植えたときには、穴を掘って炭とアクを燃やしたあとに植えるようにした。焼き畑の効果と石灰分を土中に増やす効果があると思われる。

　貝殻のほかにいいのは、発酵鶏糞。川を流れてきた流木を発酵させたバーク堆肥などとともに、その年の生長を助けるためにこの鶏糞を補う。鶏糞1袋(10kg)と炭20ℓ（1袋)をよく撹拌してから床土をつくる。バーク堆肥は遅効性で、効きが遅い。鶏糞は秋に撒くと翌年の春から効く速効性がある。

◇植栽後の保育管理

キリは3年目まではよく育つ。3年目になると手入れをしなくなり、堆肥の効果も切れてくるので、枯れることが多くなる。10年は丁寧に管理する構えで取り組む必要がある。

●直幹をつくる方法

【台切り法】

図5　台切り法

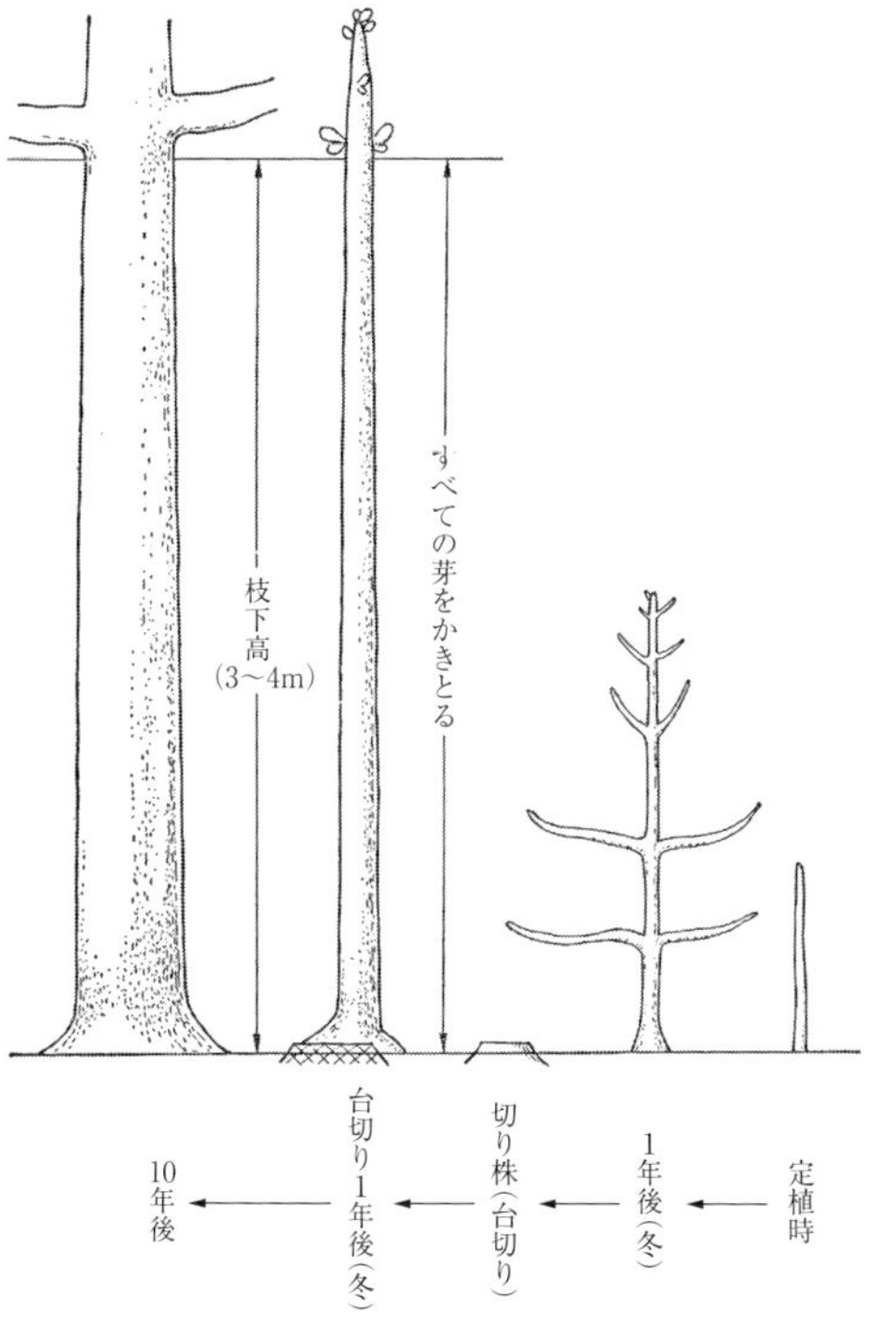

最初の1年間は、定植した苗を芽かきせずに放任状態で繁茂させ、根系の充実を図る。

翌春、地上すれすれの低い位置から伐り倒す。その切り株からは、強力な新芽が群生してくるので、1本だけ残してほかは切り取る。残った新芽は、晩秋までには4～5mに伸長する。さらにその翌春、落葉したあとのすぐ上のところから、枝になるべき芽が2個ずつ出るから、5cmくらいの小さいうちに欠いてやる。

このように台切りすれば、その後の1年間で、3～4mの真っ直ぐな枝下高を簡単に確保できる(図5)。台切り法は、大規模な面積に及ぶ整樹作業に適している。切り株の切り口に、クレオソート油を薄く塗ってやると株の腐れ止めになり、テッポウムシの予防にもなる。台切りしたキリ材は、髄孔(髄にある大きな空気のすきま)が幾分大きくなるが、気にする必要はない。

【台切りしない方法】

定植した苗を台切りせず、芽かきをして1本だけを上方に伸長させる方法である。春先に出てくる芽には、葉芽と枝芽がある。葉芽が出るとすぐ上に枝芽が出る。枝芽をかかずにおくと、上に伸びない。木の先の枝芽は残しつつ、株元の枝芽はすべてかきとる。

苗の梢端は、秋伸びした部分が、やや細くなっていて養分の蓄積が少ない。したがって、発芽しても、ほかの部分の芽よりも梢端部の芽のほうが小さい。しかし、この梢端から出た小さい芽を残して他の芽をかき取れば、残った梢端部の芽は無難に、真っ直ぐ伸びる。会津地方の一部でこの方法が用いられている（図6）。

しかし、苗の取り扱いが悪い場合や、とくに寒い地方で育成する場合は、苗の梢端が枯れることが多い。このようなことを避けるには、梢端部は最初に切ってしまい、次の部分から出る芽を1本だけ立てる。芽かきが遅れると、次の芽の部分が曲がって直幹を形成できなくなるので、芽かきは早めに行なう。

図6　台切りしない方法

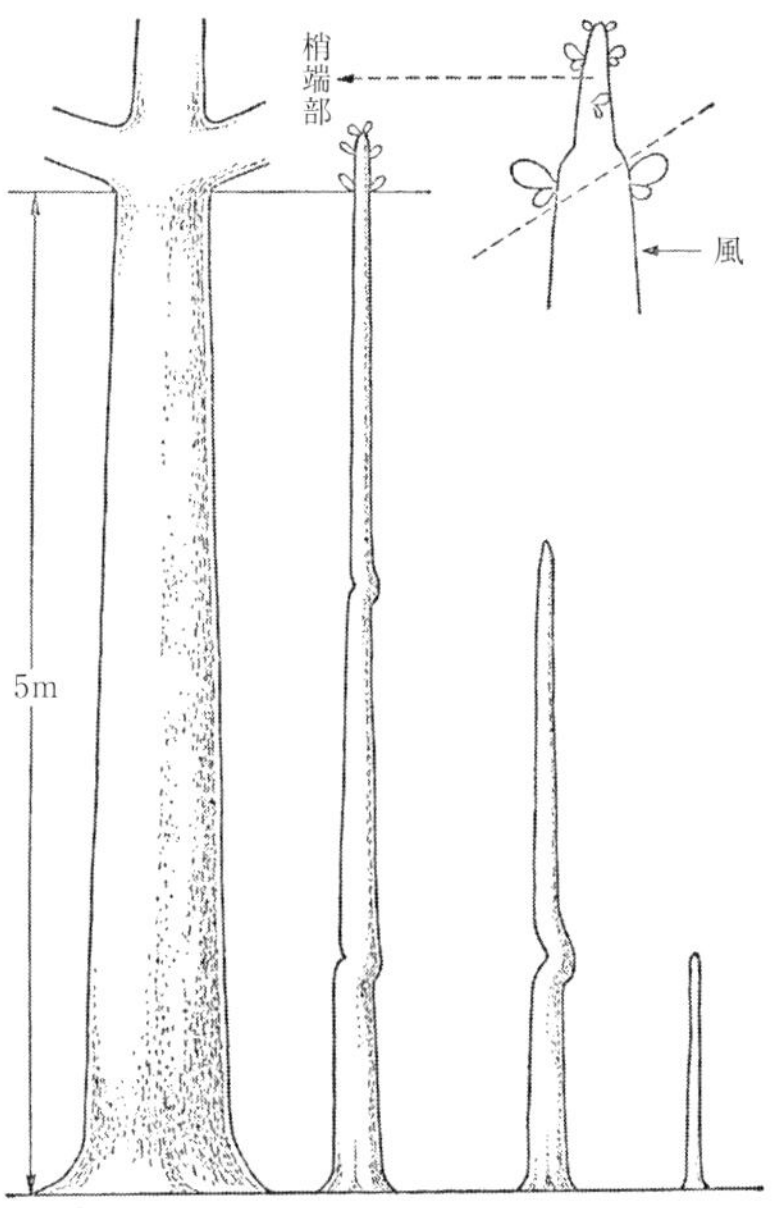

【苗畑で整樹する方法】

台切りせずに、2〜3年かけて整樹を完了したら、これを林地に定植する。

【多段式整樹】

集団林のキリの整樹を終えた後、上方からしか陽光が当たらないために、自然に多段式整樹ができることがある。この場合は、第二枝下高以上の枝下高はあまり大きくとらないほうがよく、せいぜい1・5m程度でよい。タンスの幅4尺（1・2m）に間に合う長さがあれば充分である（図7）。不定芽に注意して、芽かきを完全に行なわなければならない。

図7　多段式整樹

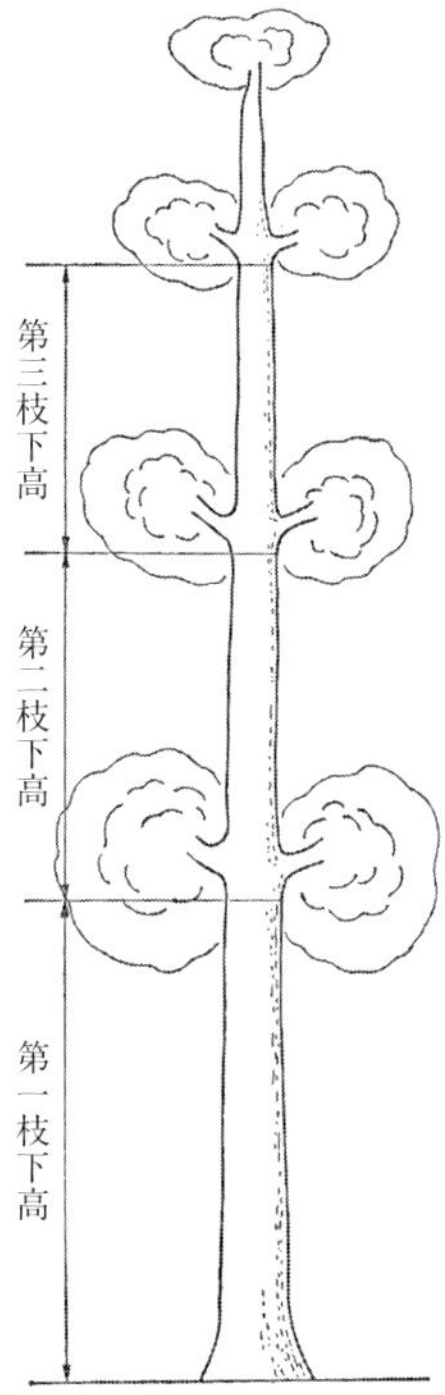

●除草と中耕

【除草】

草刈りは重要である。キリ苗は、一年生雑草くらいの高い養分吸収を行なうため、除草の必要性は非常に大きい。それにテッポウムシ類のなかには、最初雑草の茎に幼虫が住んだ後、キリの幹に移動して被害を与える種類がある。少なくともキリの株元が半径1mくらいの間は、きれいに除草するようにしたい。

定植後4年間は、6月下旬と8月下旬にそれぞれ1回、年2回は実施する必要がある。5年目以降は、7月上・中旬に1回行なえばよい。刈払い機の作業能力は1日20～30aである。

【中耕】

地形などの条件によっては、年に1回トラクタなどで中耕したほうがよい。鶏糞や石灰チッソなどを施用した後に耕耘すれば理想的である。途中で耕耘をやめて思い出したように耕耘を再開すると、根を傷めることがある。

中耕できる場所ならば、定植後3～4年間は下作(農作物の栽培)が可能だ。作物を栽培したほうがキリのためにもよい。

●施肥

【肥培の考え方】

林業の場合、自然の地力で育てるのが原則であり、肥料を施すのは一部の篤林家に限られる。キリの場合も基本的には、地力で育てるという考え方が望ましく、施肥は補完的なものである。ただ、植栽初期(整樹作業期)には積極的に施肥することが必要である。

キリの養分吸収率は高く、施肥に対して敏感に反応して肥料をやるほどよく生長することが多い。しかし、だからといって肥料をやりすぎると、使いものにならないキリに育ててしまうこともある。したがって、あくまで地力本位に考えて施肥はほどほどにするという考え方が大切である。

【肥料の選び方】

経験的にいうと、豚以外の家畜の排せつ物が最もキリに適している。とくに厩肥は、土壌構造も変えてくれるので最高の肥料である。三要素の含有率が低い完熟の有機質肥料を使用する。

化学肥料は流亡しやすい。化学肥料を使うとすれば、防虫効果があり石灰分を多く含む石灰チッソがよい。固形肥料は定植する際の使用に適している。

【施肥方法】

定植時：厩肥10kg、鶏糞7～8kgを施すのが理想的。これらを施せない場合は、固形肥料30個を施す。ほかに、キリ1本当たり三要素入り山林肥料300g程度を、土に混ぜて株元近くに施す。

輪肥：(台切り後2年まで)平坦な栽培地の場合に用いられる。台切りした年の4～5月頃、株元を中心に半径1～1・5mの円周上に、幅30～40cmの施肥溝を掘り上げ、家畜の排せつ物、厩肥などを入れて覆土する(次頁の図8)。

たこつぼ式施肥法：輪肥を施肥できなくなったら、たこつぼ

図8　輪肥の施し方(根付け後2年目まで)

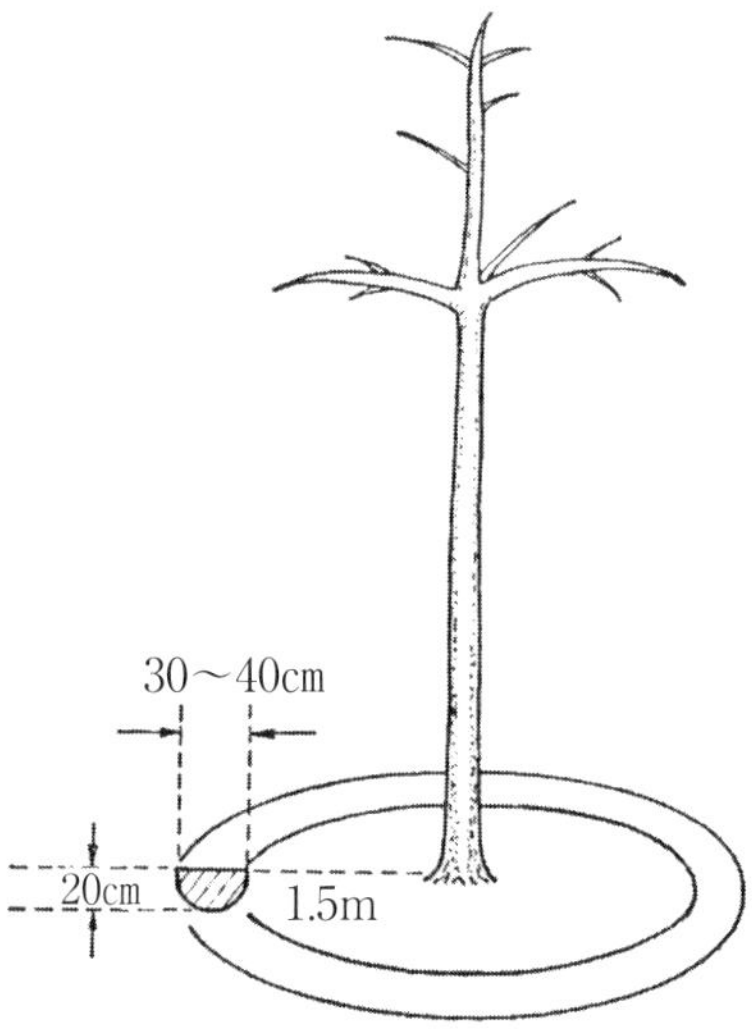

式に切り替える。栽培地に直径30cm内外の穴を掘り上げ、鶏糞や厩肥、固形肥料を施して覆土しておく。

全面施肥：鶏糞、石灰チッソなどを栽培地に散布し、耕耘機などで浅打ちする。

【施肥の例】(壌土質土壌、10a当たり)

定植した年　　：鶏糞1000kg、堆肥200kg
2〜6年(毎年)：鶏糞1000kg、石灰チッソ40kg
7〜10年(毎年)：石灰チッソ40kg
11年目　　　　：鶏糞1000kg、石灰チッソ40kg
12年目以降　　：石灰チッソ40kg

このほか山林肥料などの使用を考えてもよい。砂質土壌の場合、この例より20%くらい多く施したほうがよい。

川を流れてきた流木を発酵させたバーク堆肥などとともに、その年の生長を助けるために発酵鶏糞などを補う方法もある。

●間伐

3年もたつと、密植しているところは間伐が必要になる。先に述べたように、2町歩で500本も植えていると、3年目には半分くらいに間引くこと、間伐が大切だ。

ただ、間伐しても間伐材を売れないから切らない。売れなければなおさらのこと伐りたがらない傾向もある。

植林後15年もすれば金になるくらいの太さのキリ材にはなっている。例えば、15年くらいのキリ材なら、小物・箱物、タンスなどには加工できる。

◇病虫害や災害などの対策

●虫害

蛾類や甲虫類の幼虫が、幹に孔から入って内部を食い荒し、鉄砲玉が貫いたような大きな孔を開ける被害がある。

【コウモリガ】

全国に分布し、8

コウモリガ

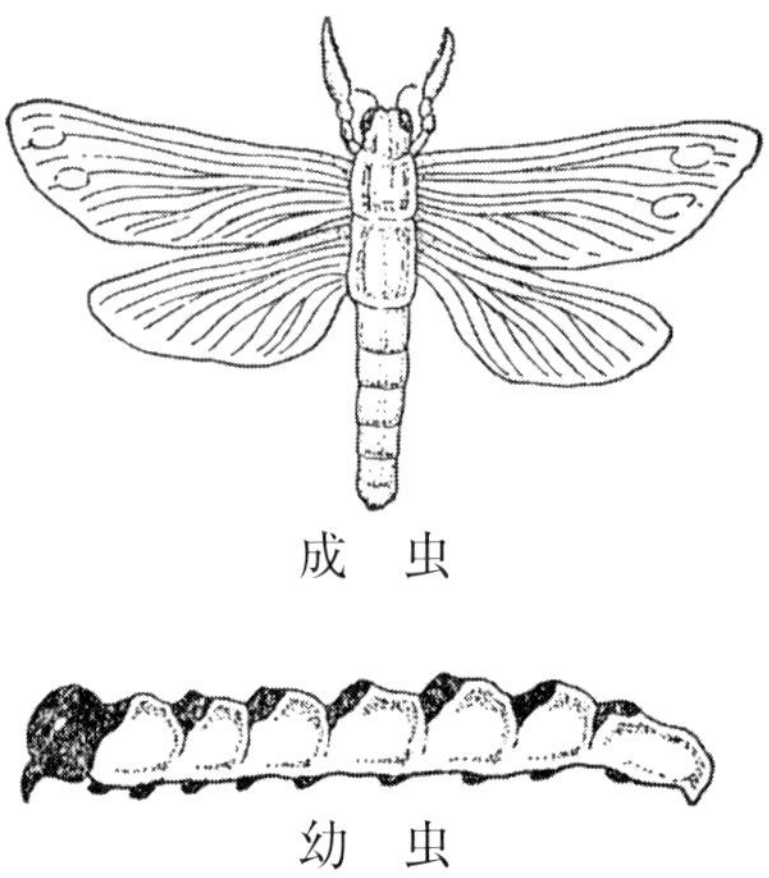

〜9月に発生し日没頃から飛び回るので、この名がある。樹皮に産卵する。最初は小さい孔を開け、次第に大きくして入口を木屑でふさぐ習性があるので、小さい孔を開けて樹液が流れ落ちたときが退治する適期。

【キマダラコウモリガ】

コウモリガと習性が似ている。8〜9月頃成虫が発生して雑草に産卵する。幼虫は雑草の茎からキリの根元に潜入し、幹に孔を開けて食害する。

【ウスバカミキリ】

甲虫類の一種。キリ以外にもヤナギ、ポプラ、カシワ、ナラの幹にも寄生して孔を開ける。大きさは7㎝にもなり、猛威をふるう。本州は6月頃、北海道には8月頃に現われ、地上2mくらいの幹に産卵する。

キマダラコウモリガ(成虫)

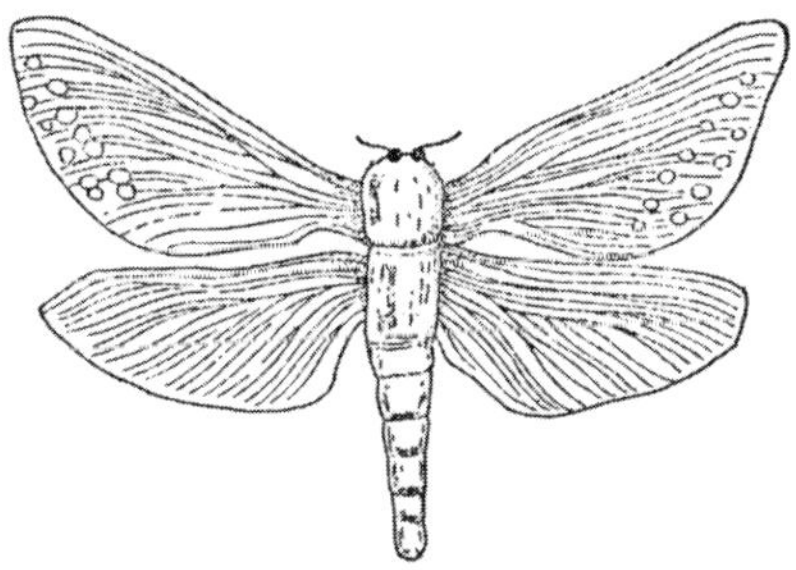

ウスバカマキリ

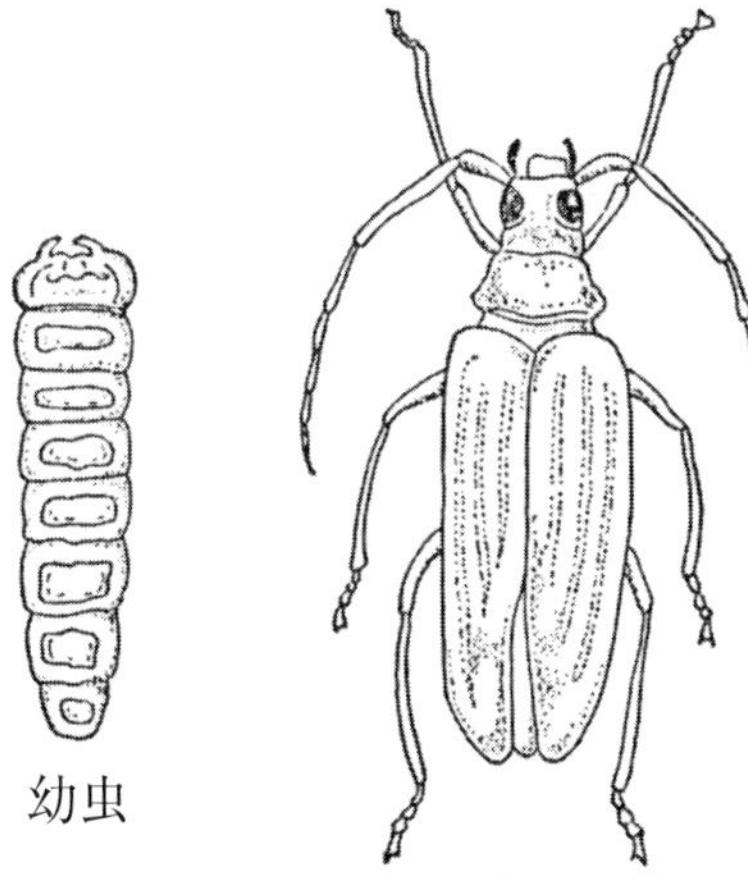

幼虫

成虫

【シロスジカミキリ】

クリにも寄生するのでクリカミキリともいわれる。イチジクやウラジロガシ、アカガシ、ヤナギなどにも寄生する。成虫は大型の甲虫で体色は黒、灰褐色の短毛におおわれている。成虫は6月に発生し、秋に産卵して死ぬ。だ円形の小孔を開け、輸卵管を差して卵を産む。幼虫は辺材部から幹の中心部に侵入して食害する。

シロスジカミキリ(クリカミキリ)

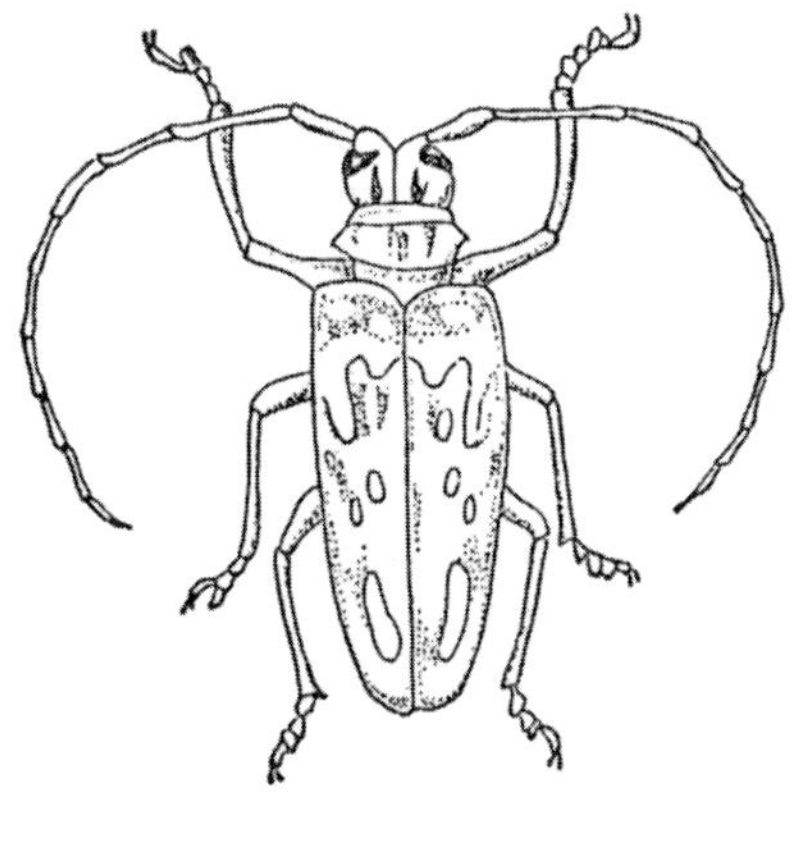

【ヨトウムシ】

このほかに、ヨトウムシが葉芽を食害することがある。食害されると節間の伸びが遅くなる。殺虫剤で防除する。

●虫害の防除法

孔を開けられる前の予防が大事である。

MEP剤(防虫剤)を6倍量に薄めて6月上旬、9月上旬の2回ほど、幹に塗布あるいは噴霧する。あるいは石灰硫黄合剤を10倍に薄めて生石灰を混ぜて塗る方法もある。乾くとシラカバの幹のように白くなるが害はない。トップジンの1000倍液やベンレートの2000倍液のような殺菌剤を混ぜれば、胴枯病予防にもなる。すでに寄生している場合には、スミチオン100倍液を孔に注入し口をふさぐ。

害虫は、春先にキリの木のいつも濡れているような部分から内部に入り込む。草刈りをしていないと、キリの木の濡れた部分が多くなり、虫が入りやすくなる。キリの木のまわりをきれいに草刈りする必要があるのはこうしたことにも理由がある。

●病害と防除法

【テングス病】

明治時代に中国大陸から伝播して九州地方で大発生したという。現在は日本全域で発生する。病状は、小枝が密に群生する1本の枝から腋芽が伸びて小枝となり、その小枝からまた腋芽が発生する。病患部の葉は、とくに小形で黄色みを帯び越冬できずに枯れ果てる。

植物に寄生する細菌のファイトプラズマ(以前はマイコプラズマ様微生物といわれた)によるもので、ヨコバイ、ウンカなど植物の篩管液を吸汁する虫が媒介するといわれる。

木が弱るとテングス病や胴枯れ病になりやすい。堆肥を毎年入れるなどの対策が必要である。

【胴枯性病害】

比較的若い幹の樹皮が腐敗する。キリフォモプシス胴枯病と、キリ腐らん病がある。虫孔や寒害による凍傷口から菌が浸入し、形成層を侵して胴枯れ症状を起こす。

予防法としては、500km以上離れた暖地で育成された暖地産苗や太平洋側の地域の苗を使わないこと。防除法としては、トップジンM1000倍液やベンレートを6月と9月の2回に分けて幹に散布する。石灰硫黄合剤との混用や、リンゴ腐らん病防除剤を幹に塗るのも効果がある。

病害を発見したら、まわりの健全木にも薬剤処理することも大切である。

●獣害

【野ネズミ・野ウサギ】

降雪後に、エサを失った野ネズミや野ウサギが、幼齢木の樹皮や根を食害する。

降雪前に積雪よりも高いところまで萱や有孔ビニールフィルムなどで覆ったり、降雪前に忌避剤に展着剤を入れて、晴れた日に塗ったりしておくことが推奨された。比較試験の結果では、石灰硫黄合剤の塗布が省力であり、効果的であった。原始的な防除法としては、石灰チッソを根元に撒き、スギの枝で根元を囲う。スギの枝はチクチク刺されるので野ネズミは近寄らない。

葉タバコ畑の後に植えたキリは野ネズミの被害がひどい。雪が消えてキリの芽が出始めると野ネズミがかじるので、芽を食べられてしまう。根の皮も野ネズミが掘り出してかじる。葉タバコ後の畑は、タバコ用の薬剤散布が強かったせいか、野ネズミの薬剤抵抗性が強く、通常の量の殺鼠剤でも効き目がなくなっている。薬剤以外でネズミを防ぐ方法、例えば根元にカヤ・ヨシ・杉の葉を巻くなどのやり方も必要になるかもしれない。

図9　耐風能力の高いキリ林

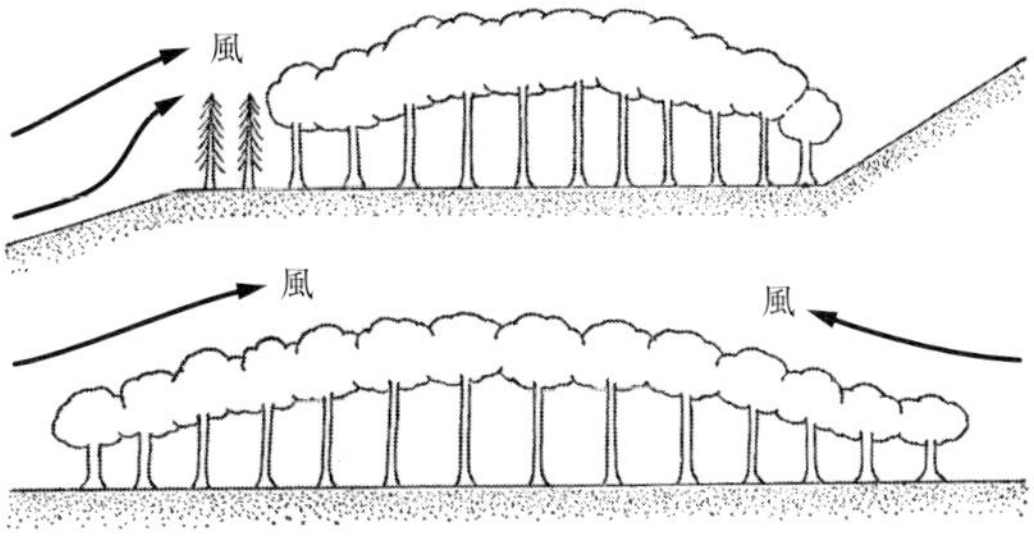

●風害

葉をつけているときの風害には注意する。台切りした年の新芽が台風に遭うと、ほとんど全滅に近い打撃を受ける。このような場合は葉を切り落とせば、木は助かる。

1本ごとに葉柄を残して葉を切り落とす。キリ林全体を守るような育林も必要になる。スギとの混植やキリの枝下高を周囲よりも短く仕立てるなどするとよい。防風林を植えてキリ林の内部に風を入れないことなども考えるべきである（図9）。

（本文は『キリ――よい材質の仕立て方』〈熊倉國雄著、農文協〉をもとに再編／アイパワーフォレスト㈱副社長　五十嵐馨・福島県三島町産業建設課桐専門員　藤田旭美）

桐製品の産地

※これまで桐工芸品の産地とされてきた地域

4章

桐材を加工する

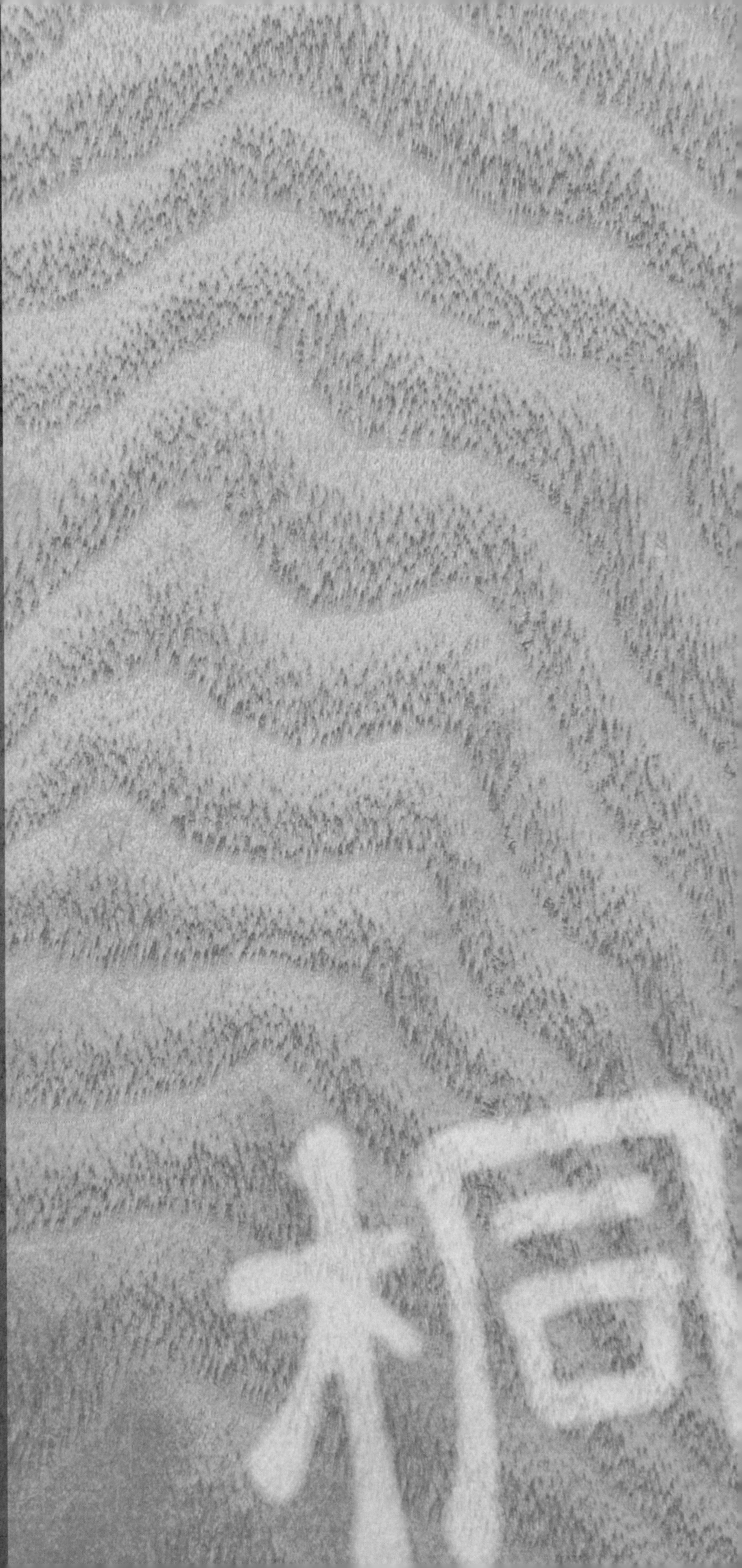

桐たんすの技法

◇会津桐たんす

●会津桐タンス㈱の歩み

地域の自然素材を生かして、身につけるものや暮らしの道具をつくる「ものづくり」。ここ数十年の間に、急速に日本人のくらしの中で失われつつある、この「ものづくり」を見直し、引き継いで行こうという運動が、1980年代に始まった福島県三島町の「生活工芸運動」だった。

三島町の生活工芸運動では、10か条にわたる「生活工芸憲章」が掲げられた(1981年)。生活工芸品を自分たちでつくることを通して、地域のくらしを見直し、人々がつながり、この地に住むよろこびを実感する、さらに伝統文化を引き継ぐことを進めようという宣言だった。

こうした流れのなかで、1984(昭和59)年に、三島町では、地域での雇用機会の増大と地場産業振興を図るため、町営の桐たんす工場がつくられた。これが会津桐タンスの前身となる。その後1997(平成9)年に、三島町と町民が出資して「会津桐タンス株式会社」として法人化され、経営を引き継いだ。

三島町で継続開催され、2017年には31回を数えてますます盛況な「ふるさと会津工人まつり」にも、当初から参加してきた。また、2007年には、会津桐によるサーフボードの制作に取り組むなど意欲的な活動を進めている。

整理たんす　下三中洋三ツ割大戸

●白さを求めるたんす材と会津桐の特徴

桐材は、木目がはっきりして、同じ幅なら年輪の多いものが良品とされる。会津桐の栽培の中心地域である只見・阿賀野川流域は、雪の降り始めが11月、消えるのが4月であるため、1年の半分は深い雪に閉ざされる。この気候条件が、良質な桐材を育てるといわれる。

桐の木は、雪が融けると急に生育が旺盛になるが、8月中旬以後、材積※はほとんど増加することなく、材の充実に向かう。このため材が硬く、緻密になり、年輪も非常にはっきりした明瞭なものになる。

会津桐の特徴を、1954(昭和29)年に福島県で編纂された『会津桐の沿革について』などによりながら整理すると、次のようになる。

・材がよく緊密(緻密)である
・材に粘りがあり、光沢があり、素直である
・材色は銀白色で材は重い
・杢目に波状した部分があり、業者はこれを「ちぢれめ」と称して、和楽器「琴(箏)」用の桐材として重用される
・年輪は明瞭であり、減っても割れることがほとんどない
・下駄に適しているが、とくに指物、装飾品に愛用される

50年生で、「玉杢《ぎょくもく》」や「ちぢれめ」などの目物と呼ばれる桐は、太く杢目が細かく、堅さもあり、高級琴材として重用された。箏の奏者は音が違うという。琴の製作では、竜甲と呼ばれる、弦を支える琴柱をおく板面に、玉杢や「ちぢれめ」を使うことで、たいへん美しい杢目をみせることができる。柾目をとれれば、琴材としては最高級品になる。

公益社団法人福島県森林・林業・緑化協会発行の「林業福島」1989年8月号によれば、下駄材としては南部桐が高い評価を得ているが、たんすでは会津桐の評価が一段高いという。材の緻密さ、光沢の良さ、さらに材色の点が重用される理由で、とくに桐たんすは、「白い」というイメージが強く、桐は材を放置すると紫色に黒ずんでくるが、会津桐はその速度が遅く、その白さが比較的長持ちするという特徴がある、という。

※丸太の体積。㎥で示す。切り出した丸太の頂点部である末口の直径の2乗に長さをかけて丸太の材積としている。「末口二乗法」という。長さ6m未満の丸太には(末口直径の二乗)×長さ×1/10000の計算式が適用される。

会津桐から生まれた木工品

【サーフボード】

3mを超える真っ直ぐな柾目が取れる桐材は、極めて少ない。サーフボードは、微妙な曲線の付け具合や胴体内の空洞構造が必要になる。

桐たんすでの経験を随所に発揮し、数種類の専用カンナを駆使して、約3か月かけて製作した。桐独特の艶を保つため、本来使用する紙ヤスリを避け、手づくりの専用カンナで百分の数ミリ単位で丁寧に削られている。防水処理のガラスクロスのラミネートを施し、表面を滑らかに仕上げるサンディングを経て、本邦初の会津桐サーフボードが完成した。

サーフボード

【マウスパッド】

マウスパッド　肌触りのよい会津桐をマウスパッドにしたもの

福島県三島町と多摩美術大学との連携から生まれた木工品

多摩美術大学の学生によるデザインチェスト。中央に取っ手代わりの空間をおき、抽出4つを渦巻き状に配列した

福島県三島町と東京にある多摩美術大学は、産学官連携事業「桐の魅力を引き出すプロダクト」で、2006年から4年間、生産デザイン学科の2年生による桐木工品の創作活動に取り組んだ。

作品の一つである茶筒「茶綾」は、製品化され、人気商品になっている。

多摩美術大学の学生による茶筒「茶綾」

【米びつ】

桐箱の特徴として「気密性」があり、湿度や温度の変化から中のものを守る働きがある。さらに桐に含まれるタンニンは、防虫効果や抗酸化作用もあるとされているため、米びつには最適な素材ともいえる。

米びつ

●たんすの種類

たんすは、衣類を収納することを基本にして、「和たんす(衣裳たんす)」、ハンガーにかけたまま収納できる「洋服たんす」、衣類ばかりでなく、身の回りの小物なども収納できる「整理たんす」の3つが基本的な分類になる。このほか食器を入れる茶だんすがある。

【和たんす(衣裳たんす)】

通常は、上下に分かれていて、上に着物や和服を収納する「衣裳盆」が付き、下には洋服を収納する抽斗《ひきだし》が付いているもの。衣裳盆は、着物がしわになりにくいように、盆1枚に2〜3着収納するようにできている。

【洋服たんす】

洋服をハンガーにかけたまま収納できるように、両開きの扉を開けると中央にはハンガーを掛けるパイプが通っている。扉の内側には、鏡やネクタイ掛けなどを付けるのが通常の形で、奥行きを深めにとっている。

【整理たんす(昇りたんす)】

全体が2〜3つに分かれるものが基本。大小さまざまな抽斗と、両開きの扉や上部には引き戸も付いているたんす。着物だけでなく、小物やバックなども収納できるようにつくられている。

和たんす

整理たんす

整理たんす(昇りたんす)の部位と名称

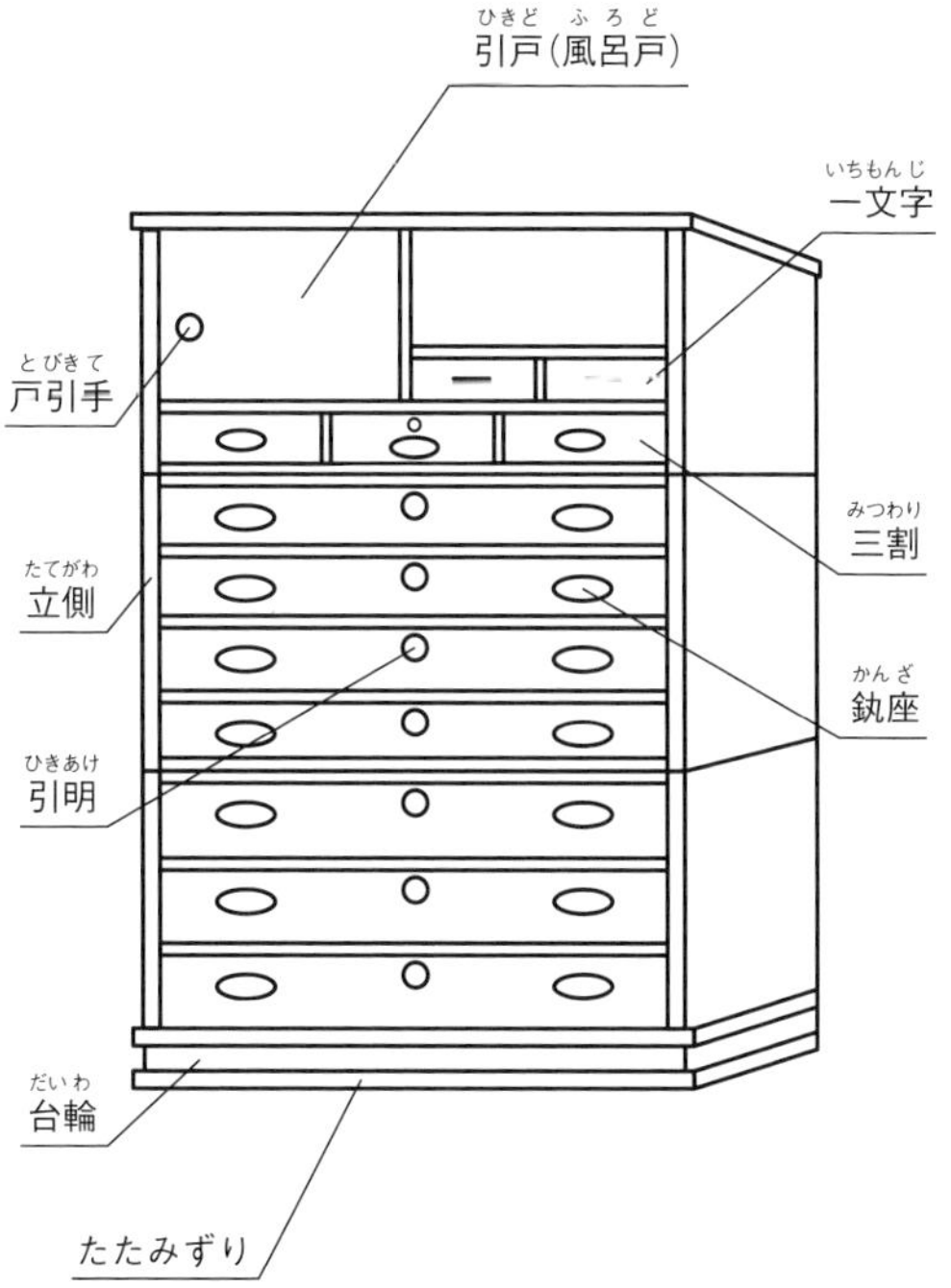

和たんすの部位と名称

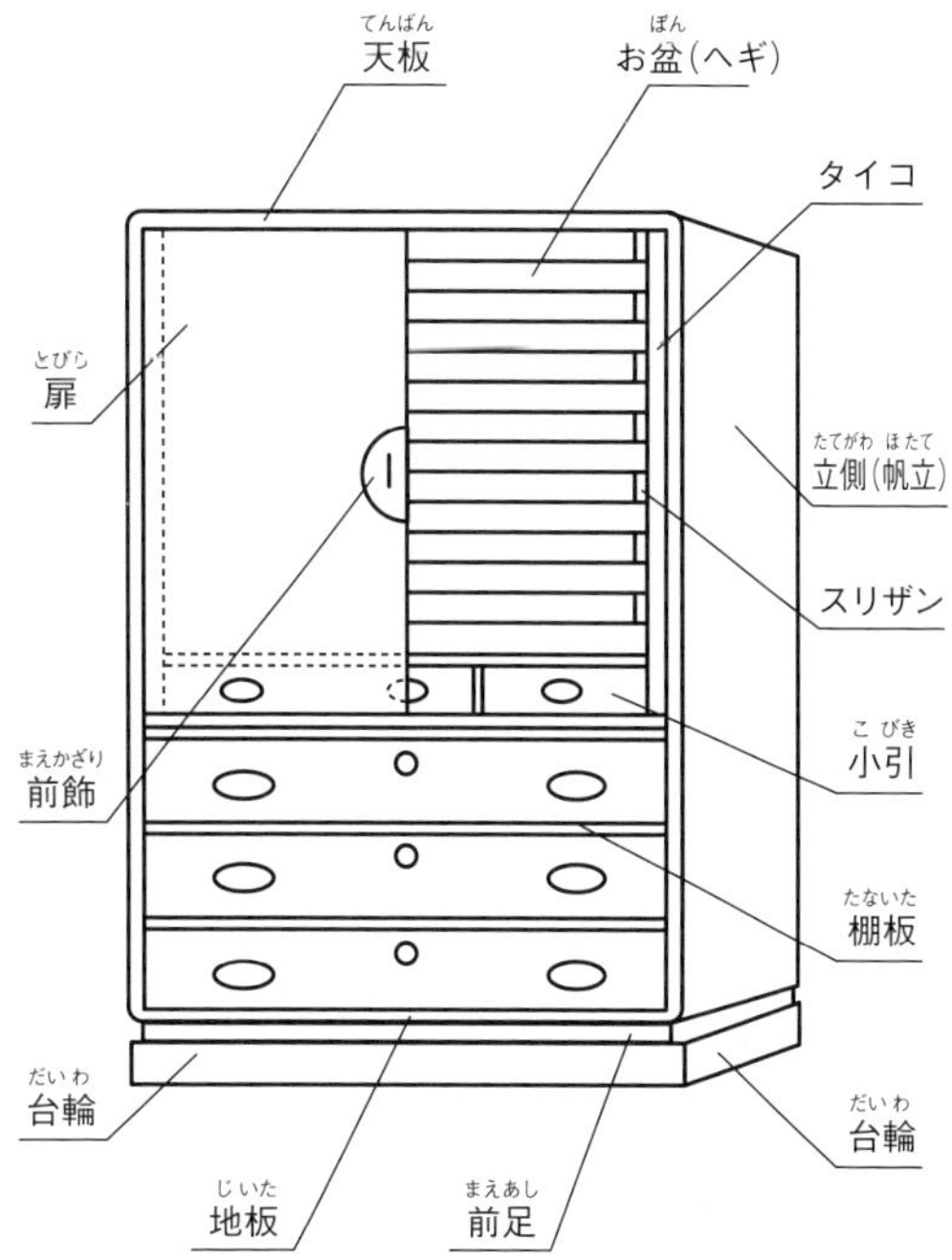

【チェスト】

住宅様式の変化に伴い、つくり付けクローゼットのある洋間が増え、従来の桐たんすは置く場所が限られる。このため高さを低くして、抽斗だけのたんすとし、洋室や寝室、クローゼットにも置けるサイズになっている。抽斗の上は浅め、下方は深めにするなど、使い勝手を考えているのが特徴。

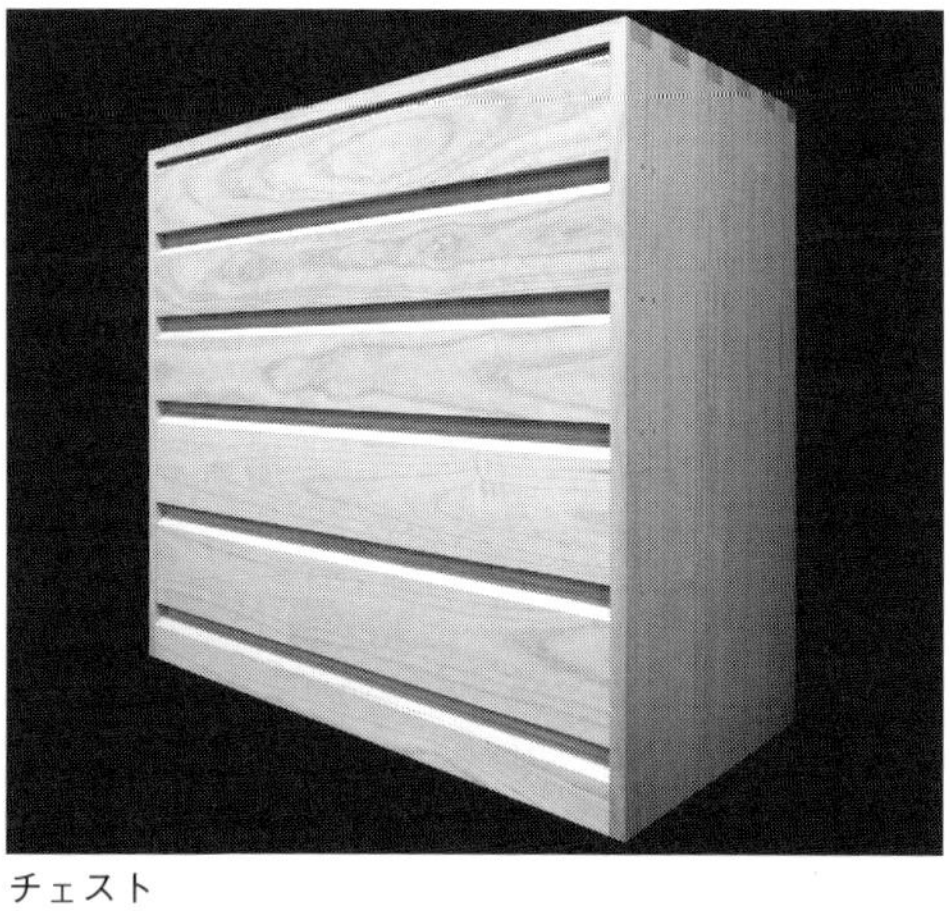
チェスト

●たんすの部位と名称

部位の名称は、産地や店によっても違うものである。上の図に、加茂たんすの流れを汲む会津桐たんすの場合の部位と名称を示す。

◇桐を伐り出す

●原木の見立て

スギと一緒に混植したところは、風に当たることが少なく、枝も伸びにくくなるため、真っ直ぐで、枝下高が高くて、節も少ない直幹が育ちやすい。

葉が落ちて木の吸水量が少ない冬は、生長休止期とされ、この時期に伐採する。直径（胸高径）30〜45㎝で、枝下高が３ｍ以上になると、樹齢は30年を超える。現地で原木を選定して伐採する立木買いの際には、樹齢、虫喰い状態、キズ（内部）などの点に注意して見立てをする。

40年前は1本が30万〜１００万円の値がついていた。

●野積み・天日干しでアクを抜く

桐材の変色、狂い（あばれ）を抑えるために、野積み（野ざらし）をして、黒ずむまで天日干しする。表面は黒ずんでも、カンナを掛けると鮮やかな白色になっていく。

丸太による野積みは1年くらい続ける。黒ずむくらいにならないとアクは抜けない。研究報告によれば、桐のアクといわれる成分は、生木のうちは不溶性だが、酸化すると水溶性に変化して、雨や水で洗い流すことができるようになる。

三島の桐は色が変化しにくいとして定評がある。変色しにくい桐であることが、たんすづくりに向く条件である。

◇桐たんすをつくる

●製材（製板）

製材は、帯鋸《おびのこ》によって、丸太を適切な厚さと板目材、柾目材の桐材に切り分ける工程で、これが桐たんす製造工程の最初の作業といえる。

●製材後の野積みによるアク抜き

製材してからも、アク抜き、乾燥のほか、歪み（あばれ）を抑

図　桐たんす製造工程

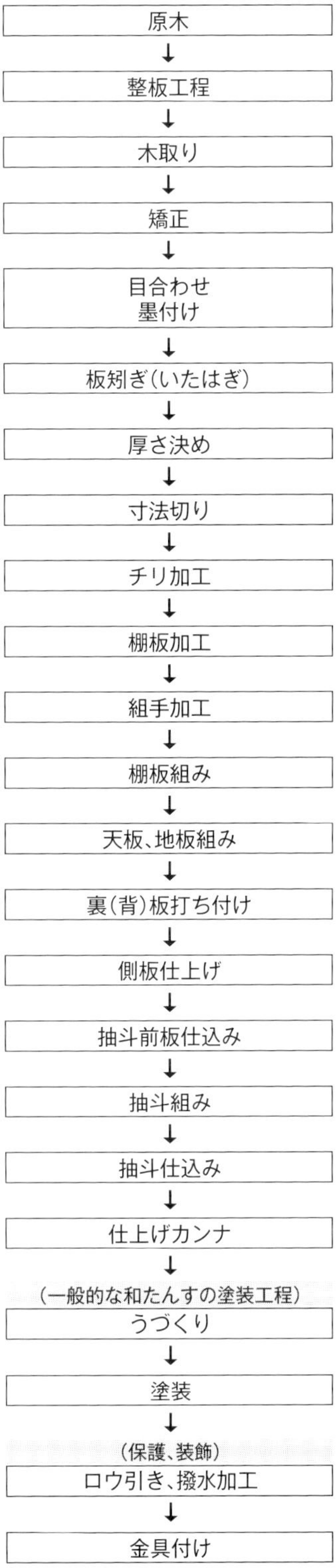

制するために、野積みを行なう。製材後の野積みによるアク抜きの期間は、板の厚さによっておよそ決まっている。板の厚さ1㎝で1～2年、2・5㎝で3～4年が必要である。

煮沸で期間を短縮する方法も行なわれるようになった。

●たんすの製造工程

桐たんす（昇りたんす）の製造工程を右頁の図に示す。

【素材を揃える（木地づくり）】

◎木取り

天干した板から、シブ抜けの状態を見ながら必要となる板厚、長さ、幅のモノ（桐材）を選別する（写真1）。

写真1　木取り

写真2　木取りした板を貼り合わせる

◎矯正

高温に温めながら反り、曲り、捻れを直す。

◎目合わせ・墨付け

幅広の板をつくるため、数枚の板を貼り合せて一枚板にするのが目合わせ作業。違和感がないようにするため、木目を揃える。これに寸法を書き入れる（墨付けという）。

◎板矧（は）ぎ

墨付けした板を貼り合せ、バインダーで締め付ける（写真2、3）。

【部材に必要な加工を施す】

◎厚さ決め

写真3　バインダーで締め付ける

部材ごとに必要な厚さ（必要厚）に削る。例えば、8分（24㎜）厚の板を削って、7分（21㎜）厚の仕上がりにするなどがこれに当たる。

◎寸法切り

部材ごとに必要な長さに切断する。

◎チリ加工

本体側板の棚板が付く箇所

写真4　組手・ホゾ取り

などに、はめ込みの溝（チリ）を付ける。

◎棚板加工

チリ加工した側板に取り付けるように、棚板になる部材を加工する。

◎組手加工

本体の組み立てのために、側板、天板、地板（底板）にホゾ（アリほぞ）を取る（写真4）。

【本体板組み】

◎棚板組み

側板のチリに棚板をはめ込む（写真5、6）。バインダーで締め付けることで接着剤による接合を進める。

◎天板、側板、地板組み

天板と側板、地板のホゾを組み込み、木くぎで固定する（写真7、8）。

◎裏（背）板打ち付け

組み上がった本体（写真9）に裏板をはめ込み、木くぎで打ち

写真5　棚板をはめ込む

写真6　バインダーで締め付ける

写真7　天板、側板組み（ホゾ組み）

写真8　天板と側板を木くぎで固定

写真9　裏(背)板はめ込み

写真10　裏(背)板打ち付け

写真12　側板仕上げ

写真13　抽斗前板仕込み

写真11　裏(背)板のカンナ掛け

つける(写真10)。湿度の高い時期は、裏板をわずかにふくらませて付ける。これは、乾燥によって割れないための工夫でもある。裏板に仕上げカンナを掛ける(写真11)。

◎側板仕上げ

本体の側板にも、仕上げカンナを掛ける(写真12)。

【抽斗加工】

◎抽斗前板仕込み

抽斗の生命である前板を棚板、側板の空間にピッタリ収まるよう寸法を合わせる(写真13)。

抽斗と棚板のすき間を見るために灯を手にしながら、紙1枚が入るか否かの調整をする。紙1枚が通るほどのすき間をあけるのは、湿度による伸縮を考慮しながら、より密閉性がよくスムーズに動くようにするという意味がある。

写真14　帆立板の組み立て

写真15　木くぎとバインダーで固定する

写真16　すき間の具合を確認する

写真17　カンナ掛けして調整する

◎抽斗組み

前板、先板、帆立板にホゾを取って組み立て(写真14)、底板を張り、それぞれ木くぎとバインダーで固定する(写真15)。

◎抽斗仕込み

余分なすき間がなく、スムーズに抽斗が出し入れできるよう、カンナを少しずつ掛けながら調整する(写真16、17)。

【完成】

◎仕上げカンナ、完成

全体に仕上げのカンナを掛けて、完成する(写真18)。

【塗装仕上げ】

◎各種の塗装仕上げ

これから先の工程は塗装の仕方によって異なる。塗装の仕方には、ヤシャ砥粉《とのこ》仕上げや時代仕上げ、ウレタン仕上げなどの方法がある。

ヤシャ砥粉：現在の桐たんすでは最も一般的な仕上げ方法。ヤシャの木の実を煮た煮汁と砥粉とを合わせてから、重ね塗りする。表面の柾目のくっきりしたラインは、ヤシャによりはっきりする。砥粉仕上げは、表面の黄色がかった白色が特徴になる。

時代仕上げ：表面をバーナーで焼き色を付ける方法。表面を焼くことで硬くなり、変色することがない。ただ、焼き色がある程度浸透するため、削り直しなどの際に、再度時代仕上げにしなければならない。

ウレタン仕上げ：ヤシャ砥粉仕上げと違い、色の選択肢が多い。経年による色の変化がほとんどなく、手の脂などによる汚れに強い。ヤシャ砥粉仕上げは乾拭きだが、ウレタン仕上げは、強く絞った濡れタオルで拭くことができるので、手入れが容易である。ただ、ヤシャ砥粉仕上げより、桐材の呼吸がしにくくなる。

◎一般的なヤシャ砥粉仕上げの方法

一般的な和たんすの仕上げは、次のような工程になる。

うづくり：タンス表面を木目に沿って、宇造《うづくり》という道具で擦り、木目を立てる。

塗装：ヤシャの実を煮出した液で溶いた砥粉を塗る。タンスを白粉《おしろい》で化粧する感じ。これにより木目が鮮明になる。

ロウ引き・撥水加工：乾燥後にロウを塗り、撥水材を塗って塗装を安定させる。

金具付け：扉や抽斗の取っ手などの金具を付けて完成する。

金具づくりの平彫り職人が少なくなっている。すでに後継者がないために、カタログに載せたタンスでも金具が調達できずに販売中止になった例もある。

（編集部／会津桐タンス㈱）

写真18　仕上げカンナ　完成

桐下駄の技法

◇結城の桐下駄

●三代続く桐下駄づくり

桐乃華工房は、茨城県筑西市で三代続く桐下駄の木工所である。初代の猪ノ原昭吾さんは昭和初期、下駄屋に丁稚奉公に出て修行した後、旧真壁郡関城町上町《せきじょうまちかみちょう》に2町歩の土地を買い求めて、みずから桐を栽培。その一方で工房を立ち上げて、桐下駄づくりを始めた。

昭吾さんの息子である二代目の昭廣さんは、戦後の高度経済成長の時代からバブル期へと、大きく世の中が様変わりする時期を通して経営を担った。生活様式の変化は、日用品の下駄を、ファッションの一つとして選択的に利用される対象へと変えた。これまでの下駄の概念を転換する必要に迫られたのである。

そこで昭廣さんは、さまざまな意匠の下駄を新規に開発するとともに、販売・営業に尽力し、同業者が廃業するなかにあって、むしろ事業を拡大してきた。現在は三代目の武史《たけし》さんが、両親である昭廣さん・幸子《ゆきこ》さん夫妻の協力を得て、製造と販売活動に邁進している。

猪ノ原武史さんと母の幸子さん（写真：倉持正実、以下※はすべて）

エイ皮を張った右近下駄※

武史さんは「1年に10作品の創作下駄を発表する下駄屋さん」として話題になった。近年の作品では、右近下駄の天に張る素材に、エイの皮を使って重厚さを醸した製品を生み出し、好評を博した。このエイ皮の下駄は、エイ皮に現われる「神の目」と呼ばれる白い斑点の部分が入手でき、しかも、その大きさも揃っていなければつくれないという希少品でもある。重厚なデザインと、素材の希少性が相まって、個性派志向の強い消費者の心をつかんだようだ。このほかにも右近下駄では、新素材の化学繊維をメッシュ状に組んで張るなど、斬新な着想とデザインで確実にファンを獲得している。

●各種の製品

特注品の一本歯の高下駄は、高さが30cmもある。一本歯の高下駄は、腰痛によいという。健康へのアピールも重要で、一本歯の高下駄などはそのひとつといえる。

一本歯の高下駄※

一方、下駄をもっとカジュアルなものにしたいという思いもある。そこで桐乃華工房では、下駄の鼻緒に注目した。草履のような形状をした、ほとんど高さのない右近下駄の鼻緒をバンドのような幅のあるものに替え、「下駄サンダル」という商品を生み出した。若い人たちに結構人気だ。

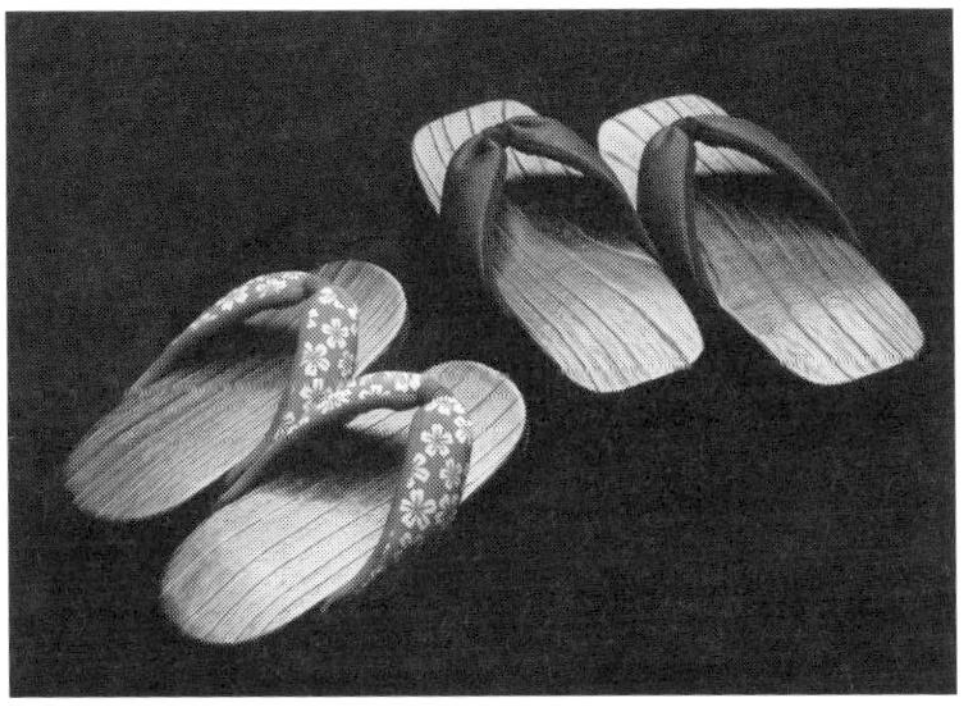
下駄サンダル※

桐乃華工房では、これにとどまらず、鼻緒や天に張る素材の材質、トータルなデザイン、台の形などで新しい感覚の商品を年々開発してきている。先に紹介した、エイ皮を張った右近下駄もそうした新感覚の商品のひとつである。

かつては、ひとつの商品が景気を喚起して次々と売れるようになる時代もあったが、今は1点が爆発的に売れるという状況ではない。ただ、若い人のなかに下駄を履く人が増えているようだ。足の大きい人も増えているので、下駄の型にも30cmくらいあるものもつくるようになった。

下駄を履く機会をできるだけ増やしてもらうようにと、小さな子どもを持つ親たちに向けてのアピールにも余念がない。子どもの頃から下駄に親しんでもらう意味は大きいと考えるからだ。健やかな成長に果たす下駄の役割もある。最近では、幼稚園から130足分の子ども用下駄の注文がある。今後の展開が期待される。

さらに、下駄をかたどったストラップ「ミニ下駄ストラップ」も手掛けている。携帯電話やスマートフォンが当たり前の時代に、こうした桐材の小物もまた大事な商品分野である。

また、季節商品だが、年末の時期は羽子板の地板の注文も受けているという。

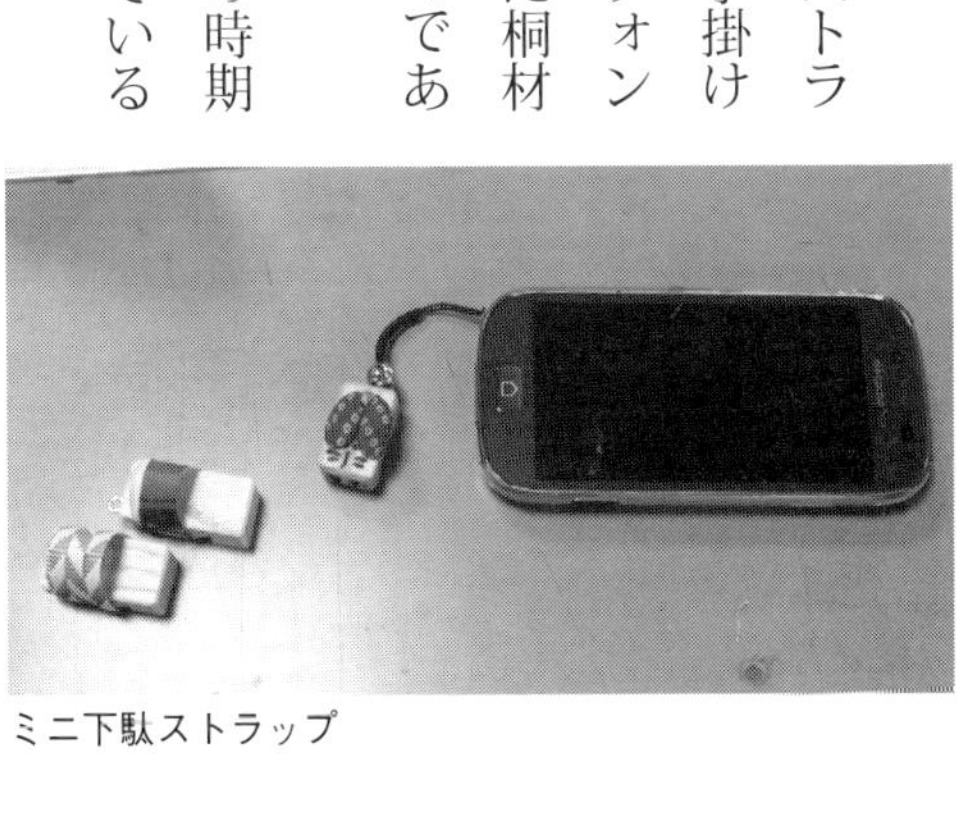
ミニ下駄ストラップ

下駄の部位名称

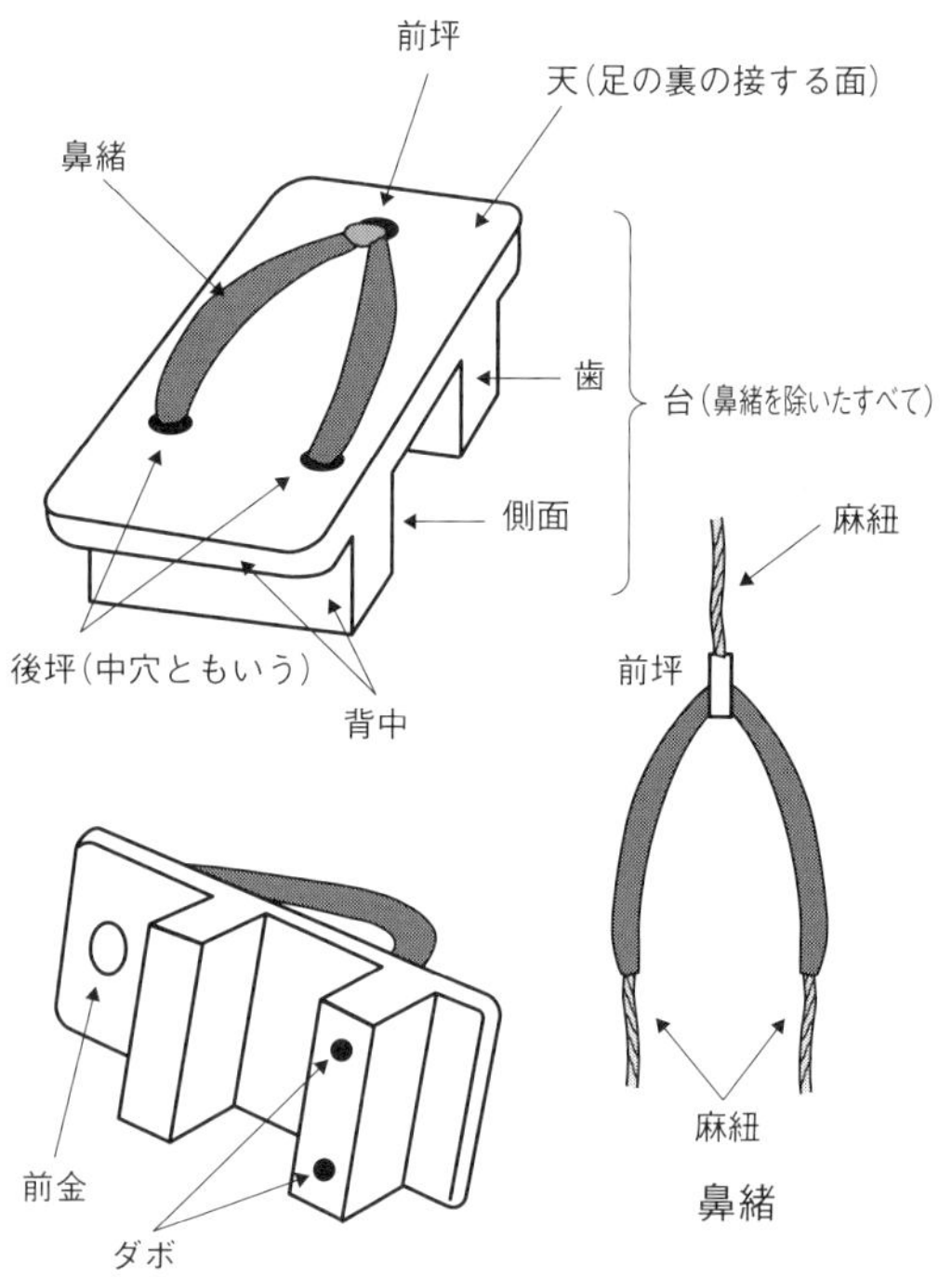

羽子板の地板。直接彩色したり、押絵にしたりする。ペイントカルチャースクールからも注文がくる

●下駄の部位と呼称

駒下駄を例にとって、下駄の部位とその呼称を図に示す。下駄から鼻緒を除いた残りすべてをまとめて「台《だい》」と呼び、足の裏が接する面を「天《てん》」と呼ぶ。このほか鼻緒、鼻緒をくくりつける3つの孔のうち、前の方を「前坪《まえつぼ》」といい、後ろの孔2つは「後坪《あとつぼ》（あるいは中穴）」と呼ぶ。板目の年輪模様を合わせる面は背中（背）と呼んでいる。

●下駄の種類

下駄の分類の仕方や名称は、地域により異なるが、原料材により、原木素材をそのまま生かす「むく下駄」（まぶつ、まさげた）、下駄の表面（天）に他の素材を張りつけた「張下駄」がある。

下駄づくりの工程からは、「駒下駄」と「差し歯下駄」がある。「駒下駄」は、丸太を製材してブロック状にした木取りから、台をそっくりくり抜いてつくるもの。歯だけを樫など別の材で差し込んでつくるのが、「差し歯下駄」である。

下駄の歯の枚数や歯の形状によって分ければ、「のめり下駄」、一枚歯の「一本歯」のほか、「右近」がある。また、下駄の大きさと意匠の違いで、天の幅が広い男物と、天の幅が狭く背もやや低い女物に分けられる。

〈原料素材別の分類〉

・むく下駄

合板や集成材でなく、原木から切り出した材をそのまま使ったもの。自然の風合い、木目を生かす製品。

・張下駄

下駄の台に柾経木《まさきょうぎ》(極薄の板)や紙布を張る。張るものの色や太さ、型を抜いた柄を変えることで、数多くのデザインになる。張下駄を履いたときに、経木や紙布が足に柔らかな感触を与えて、履き心地がよい。

下駄の表面(天)の意匠によって、

◎表付き：畳表を張った下駄
◎鎌倉彫：鎌倉彫を施したもの
◎津軽塗：津軽塗を施したもの
◎胡麻竹《ごまだけ》：胡麻竹を張ったもの
◎桜皮張《さくらばばり》：桜の皮を張ったもの

などがある。

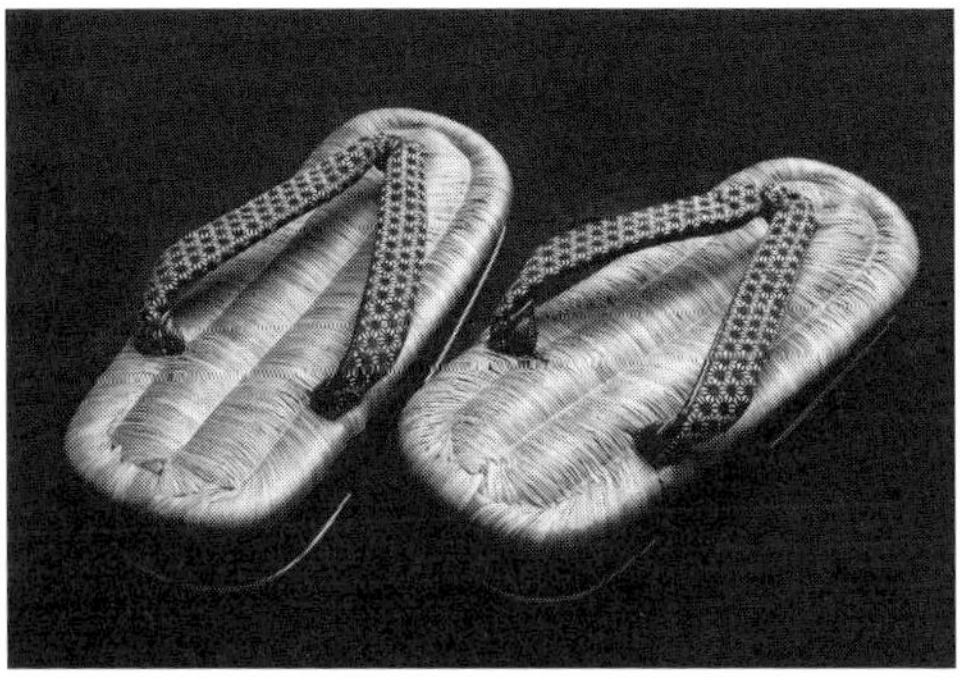
表付きの下駄。天に畳表を張り付けている

鎌倉彫の下駄

〈製造工程別の分類〉

製造工程の違いからは、材を下駄の形にくり抜いた「むく下駄」(駒下駄)と、歯だけを別の材でつくって差し込む「差し歯下駄」に分けられる。

〈歯の枚数や形状別の分類〉

・駒下駄

駒下駄は、歯が2枚の下駄で、歯はいずれも原木くり抜きのものになる。駒下駄の特徴は、第一にその歩きやすさにある。下駄は前に倒すようにして歩くため、駒下駄の高さと歯の位置が前に倒せるような設計になっている。初心者にも履きやすく、日常の下駄履きにも駒下駄を好む人が多い。

駒下駄の中には、幅の広い「大角《おおかく》」と呼ばれる下駄と、幅の狭い「大下方《おおげほう》」と呼ばれる下駄などがある。

女物の駒下駄には、「芳町《よしちょう》」や「相丸《あいまる》」などがある。女物はもともと男物よりも背が低かったので、歯の減り方でみた耐用年数は男物よりも短い。これに気づいた芳町(現在の東京都中央区日本橋人形町)の芸者衆が、男物と同じ背にと要望してできた女物の下駄が「芳町」と呼ばれた。これを基準として、幅が広くて丸い「相丸」などがある。

【のめり下駄】

前の歯が斜めについている形の下駄を「のめり」という。のめり下駄には、「千両」と「小町」がある。

◎千両（せんりょう）

前歯が斜めになっていて、後ろの歯は普通の駒下駄のような歯が付いた下駄。名の由来は千両役者が好んで履いていたからという。

◎小町（こまち）

前歯が斜めになっていて、後ろの歯も台の形通りに丸い歯がついている下駄。前歯が斜めに付いているため、駒下駄よりも前に倒しやすく歩きやすいという人もいる。小町の名の由来は、結婚前の若い娘によく履かれたからだという。

のめり下駄は、すり減ってくると次に述べる「右近下駄」のような履き心地になる。木の量は駒下駄よりも多く、二の字の下駄に比べると長持ちする。木の量が多いから少々重いが、耐久性は下駄の中では最も高い。ただし重いので、筋力が衰える高齢者には履きづらいかもしれない。持ちは良く、歯が減らない。

のめり下駄。小町と千両

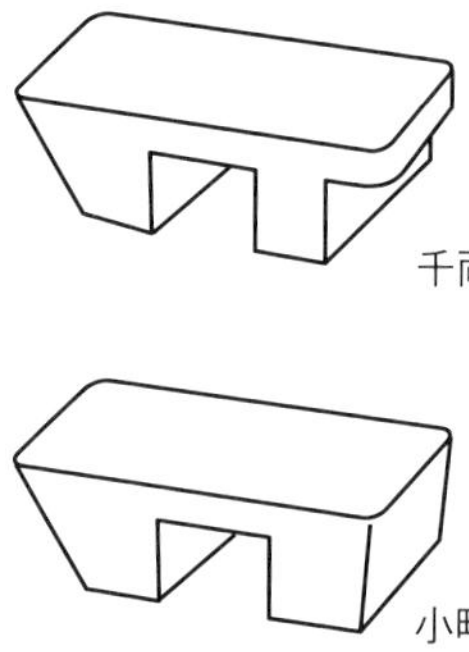

【右近下駄】

草履のような形状をした、ほとんど高さのない下駄で、単に「右近」ともいう。

駒下駄ほど高さがなく、着地面積も広く、滑り止めのゴムが貼られて歩きやすい。サンダルを履いている感覚に近いため、違和感なく履ける。形状的には前に倒すことがむずかしいので、引きずるような歩き方になりやすい。桐乃華工房で開発した「下駄サンダル」も右近下駄に分類される。

右近下駄のいろいろ※

・差し歯の下駄

差し歯の下駄には、「朴歯」と「一本歯」がある。台そのものは桐だが、朴や樫材を使った差し歯をしている。歯が差し込まれているため、歯が減っても歯だけ取り換えることができて、経済的な下駄ともいえる。

【朴歯（ほおば）・豪傑（ごうけつ）】

朴歯は、昔のバンカラ学生が好んで履いた下駄。分厚い差し歯の材はホオノキを使い、背は駒下駄よりも高い。

【大朴坂（おおほおさか）】

駒下駄の製造工程

伐採・搬出	
あく抜き天日干し	1年
木取り・製材	30㎝の丸太材（玉切り）にしたものを、木の状態や木目などから、下駄の完成品を想像し、使用部分を決め煉瓦状に製材する。墨掛けして製材し角材になったものを「木取り」と呼ぶ
あく抜き天日干し（輪積み干し）	4か月　煉瓦状の「木取り材」を積み上げて干す
粗円盤	木取り材の表面にカンナ掛けする
丸鋸	縦挽きと横挽きの2種類があり、木取り材の切り口をきれいにそろえる
帯鋸	木取り材の厚みを決める
墨掛け	1本の木取り材を、上下2つに分けて下駄1足分になるように墨の線を入れる
組取り	ミシン（電動糸鋸）で、木取り材を上下2つに分け下駄1足分の原料（五分品）をつくる
間挽き	五分品（半製品）を7枚の丸鋸を持つ「六分自動」で切削し、下駄の基本形を切り出す
帯鋸	下駄の歯の長さを揃える
七分挽き	七分自動カンナで、下駄の歯の間ほか裏側をすべてカンナ掛けする
ひやかし	30分程度水に浸けて軟らかくする
オガミ挽き	L字の刃を持つオガミ挽きカンナで、歯の直角になっている部分をきれいに仕上げる。ここまでで七分品となる
鼻回し	下駄の型を天に当て、型の通りに自動カンナで角を削る。形にするには決定的な作業
仕上げ	鼻緒を通す孔を開け、かかとの部分が減るのを抑えるホウノキのダボを入れる
磨き加工	との粉をぬって表面の目を埋め、液体ロウを塗って光沢を出し、「うづくり」で磨く
鼻緒すげ	鼻緒をすげ、桐の花型の前金でとめる

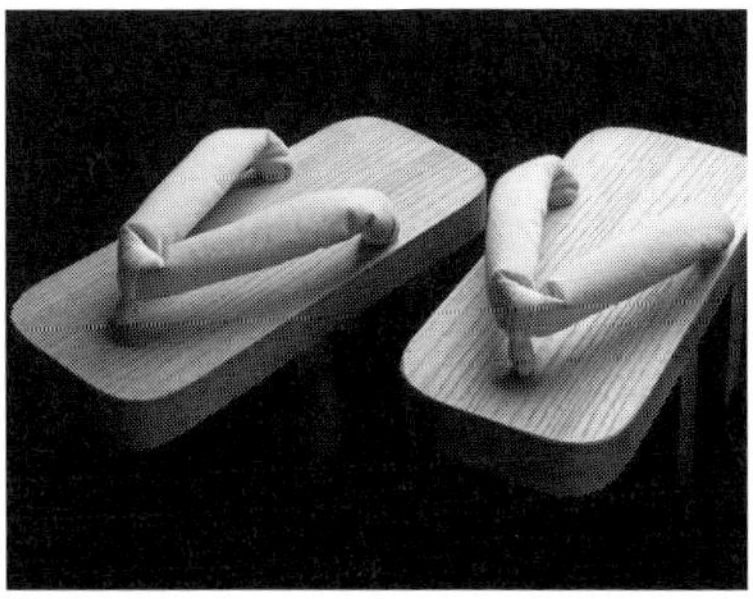
朴歯下駄※

一本歯※

大朴坂は、朴歯よりも薄くて低い朴歯が付いた下駄。通常の駒下駄よりも背が高く、歯が薄いため雨の日にも履ける。

【一本歯（いっぽんば）】

一本歯は、いわゆる「天狗の下駄」といわれるもので、朴の歯を一本だけ差し込んだ下駄である。坂道でも台が水平を保つので、坂道歩行向きで、山登りなどに使われていた。

【日和下駄（ひよりげた）】

日和下駄は、男物の大朴坂と同じで、朴歯よりも薄くて低い朴歯が付いた下駄。駒下駄よりも背が高く歯が薄いため、雨の日にも履ける。「日和（天気）を選ばず（雨の日でも）履ける」という意味で「日和」の名がある。「日和下駄」というと、通常女物のことを指す慣習がある。

◇駒下駄（柾下駄）の製造工程

下駄の製造工程は、下駄の種類によって、工程の細部に違いが出てくる。ここでは、代表的な下駄として駒下駄（柾下駄、まぶつ）の製造工程を紹介する。

●桐材の調製

【伐採・搬出】

群馬産の原木丸太。直径60㎝前後、目の詰まった37年生の丸太で、見事な桐材である。柾目で直幹のいい原木といえる。木目のつまった柾目材を素材にすると、柾下駄の高級品ができる。キリの木に葉のない冬に伐り出すのは、葉が落ちて、木が水を吸い上げる量も少ない季節がよいためである。

桐材の仕入れでは、立木での買い付け場合、木の見立てが大事になる。チェーンソーを持って伐りに行く際には、まず根を見ること。過去に切った株の脇に出て育ったと思われるキリは、たいがい中がやられているので注意する。立木での買い付けでは、「場所を見て買え」とよくいわれた。

群馬産の桐原木丸太※

仕入れは、石《こく》という基準で行なう。1石とは、30㎝×30㎝の面が3ｍくらいとれるものをいい、これが基本になる。

枝下高《えだしたこう》の長いものが理想。枝が多く、節で孔が開いていれば、たいがいは中が空洞化しているとみて間違いない。木肌の色もよく、元気のいいものがよい。

今の茨城県筑西市一帯は、かつて県下で「結城の桐」といわれた地域に属し、桐の産地だった。旧関城町でも河川敷にキリが栽培されたが、２０１６年の鬼怒川決壊で流されたものが多い。

【アク抜きのための天日干し】

原木で仕入れると、アク抜きのために、原木丸太のまま1年間は天日干しする。さらに、原木を製材して、煉瓦型に切り分けた「木取り材」にしてから4か月間、天日のもとでパレット上

輪積み干し※

に積み上げて干す。この干し方を「輪積み干し」と呼ぶ。

写真にあるような輪積み干しは、一山で約400足分の下駄に相当する。かつては、柿の木の下で乾燥させるようにいわれたという。また、直射日光に当てると割れがひどくなるともいわれていた。

表面が黒くなるくらいに乾燥させる。水とアクが抜けないと、製品になってから変色することが多い。表面は黒くても、カンナ掛けすると白くなるから問題ない。重量は、天日干しで原木の3分の1に減る。

【保管】

輪積み干し※

木取り材の保管。柾目を組みにして倉庫に保管※

材料倉庫には柾目を合わせて（板目面《いためづら》をそろえて）、柾目の組みをつくって保管する。合せ目といい、製品にする場合、木目を揃えるためにも必要である。合せ目には特目《とくめ》、上目《じょうめ》、中目《ちゅうめ》、とあるが、背面《せづら》でなく身面《みづら》で合せ目にしたものだけが、特目、上目と呼ばれる高級品になる。

水分が抜けていればよい。「材料だけは無いとだめだ（木取り材がなければ下駄はつくれない）」と昔からいわれたもの。桐乃華工房では、常時2000～3000足分の木取り材を保管している。

●木取りから仕上げ

【墨掛け（木取り）】

30㎝の長さの玉切り材にしたものを、木の状態や木目などから、下駄の完成品を想像し、使用部分を決めて製材する。墨掛けして製材し、角材になったものを「木取り」と呼ぶ。

粗円盤にかける前の、柾下駄にする木取り材

木取り材※

のおよその寸法は、長さ9寸(27㎝)、幅4寸5分(13・5㎝)、厚み2寸7分～8分(8・1～8・4㎝)くらいが通常である。直径40㎝、長さ30㎝の丸太からは、およそ4足分を切り出すことができる。したがって、直径40㎝、長さ3mくらいの原木丸太なら、男物の柾下駄がおよそ40足分はとれる計算になる。ただ、1本の丸太といっても、どこまでも真っ直ぐに柾目が通っているわけではなく、木目が流れたり、節が出たりするので、必ずしも計算通りの足数が取れるわけではない。

【乾燥・アク抜き】

木取りしたものを輪積み干しにする。輪積みは台風にも強い。400足分ほどをパレットに積み上げて、4か月くらい天日干しする。

【粗円盤】

粗円盤を使い、木取り材の表面を白く滑らかなものに調製する。あらゆる下駄づくりに共通の作業で、アクが出て黒くなった材の表面を、薄く削る作業。実質的な下駄づくりはここから始まるといってよい。

粗円盤には刃が3枚ついている(写真1～3)。製造量が多い場合には、3枚の刃をフル稼働させると早い。急ぐ必要がない場合は、1枚の刃で足りる。

写真1　粗円盤。3つの歯がある※

写真2　粗円盤にかける前の木取り材※

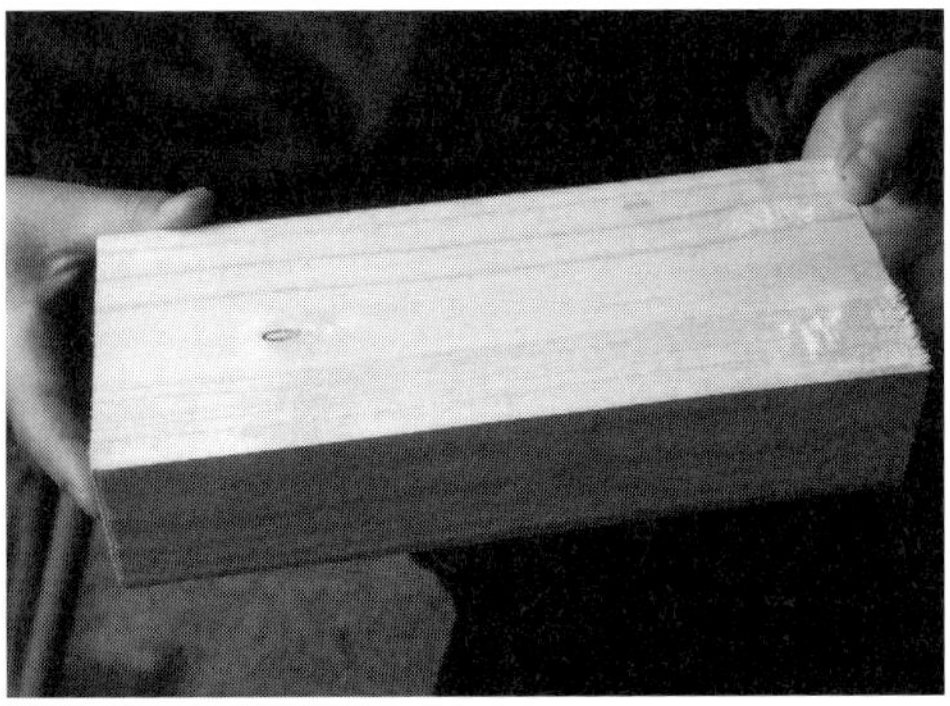
写真3　粗円盤をかけたあとの木取り材※

写真4　削り屑。人形職人に利用されるので廃棄物にはならない※

写真5　糸鋸による切り出し。糸鋸は軟らかいほうへ滑っていきやすい※

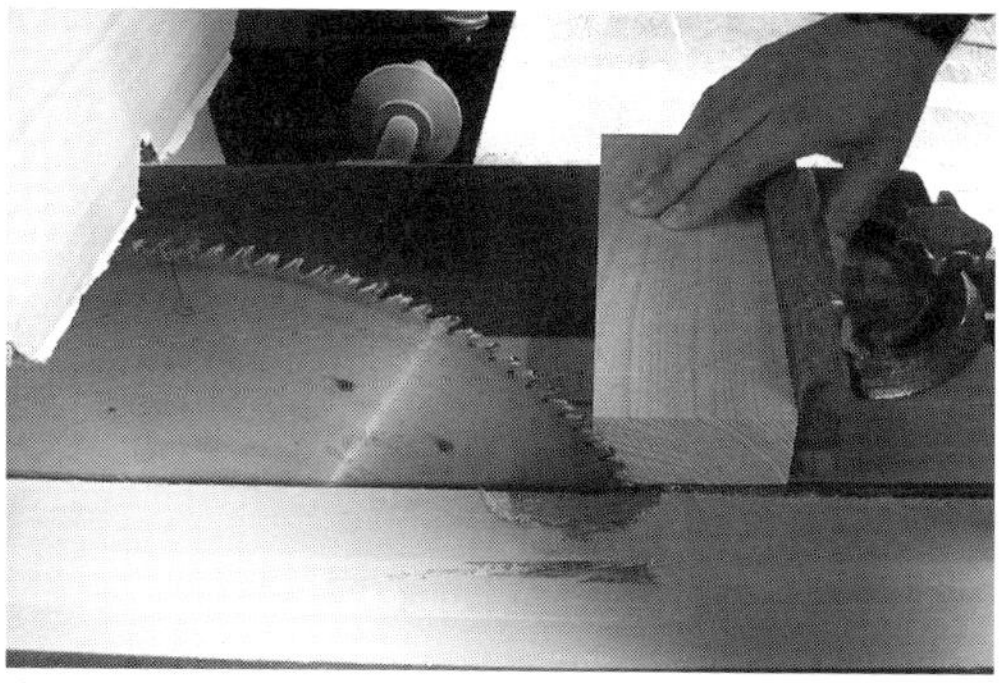

丸鋸（横挽き）※

写真6　五分品。糸鋸で切り分けられたもの※

丸鋸（縦挽き）※

写真7　木取りから切り出した五分品※

材の切れ味をみて刃を選択する。削り屑も大切で、これは和人形の職人が人形を出荷する際に、梱包の詰め物として使うので定期的に引き取りにくる（写真4）。

【丸鋸（まるのこ）】

横挽き用の丸鋸と縦挽き用の丸鋸を使って、木取り材の幅と長さを整える（幅詰め、丈詰め）。長さ（丈詰め）はやや長めにとる。

【糸鋸（いとのこ）】

伐り出した煉瓦状の木取り材を、糸鋸で2つに切り分けて下駄の原型（＝木取り、土台）を切りだす。乾燥した木取り材をミシン（電動糸鋸）で、上下2つに分けて下駄の一足分の原料となる「五分品」をつくる（写真5～7）。仕上がった下駄は背中合わせで同じ木目になる（合せ目）（写真8）。身面《みづら》だけを合わせたものが特目、上目と呼ばれる高級品になる。天の長さは

写真8　完成した下駄の目合せ。下駄の背からみると木目が揃っている※

写真9　糸鋸（ミシン）※

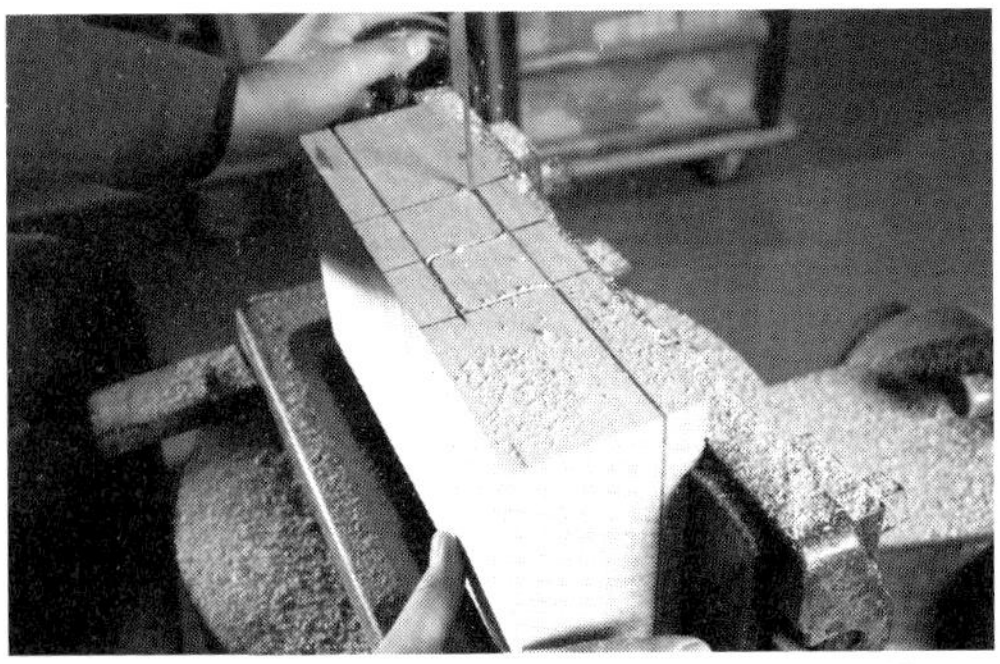

写真10　糸鋸による切り出し。糸鋸は軟らかいほうへ滑っていきやすい※

やや長めに取る。

糸鋸の刃は、材質の軟らかいほうに逃げやすい。糸鋸には、360度回転する挽き台（テーブル）が付いている。桐材を挽く時には、木目の軟らかいほうや節のあるほうへと糸鋸の刃が逃げていくので、この360度回転するテーブルとハンドルを操って、墨引き通りの線に刃が動いていくように誘導する必要がある（写真9、10）。これは熟練の技といってもよい。使い終わったら、糸鋸の刃は緩めておく。糸鋸の糸刃は張り放しにすると切れやすいからである。

【帯鋸（おびのこ）】

歯の長さを帯鋸で切り揃える。調整する必要がある場合にだけ行なう作業である。糸鋸と同様に、帯鋸も挽き終わったら刃を緩めておく。

帯鋸。糸鋸の切り出しを帯鋸でやる場面もある※

帯鋸。帯鋸。下駄の歯の長さを揃える※

【間（あいだ）挽き（六分自動）】

ミシンで五分品（半製品）になったものを、7枚の刃を持つ丸

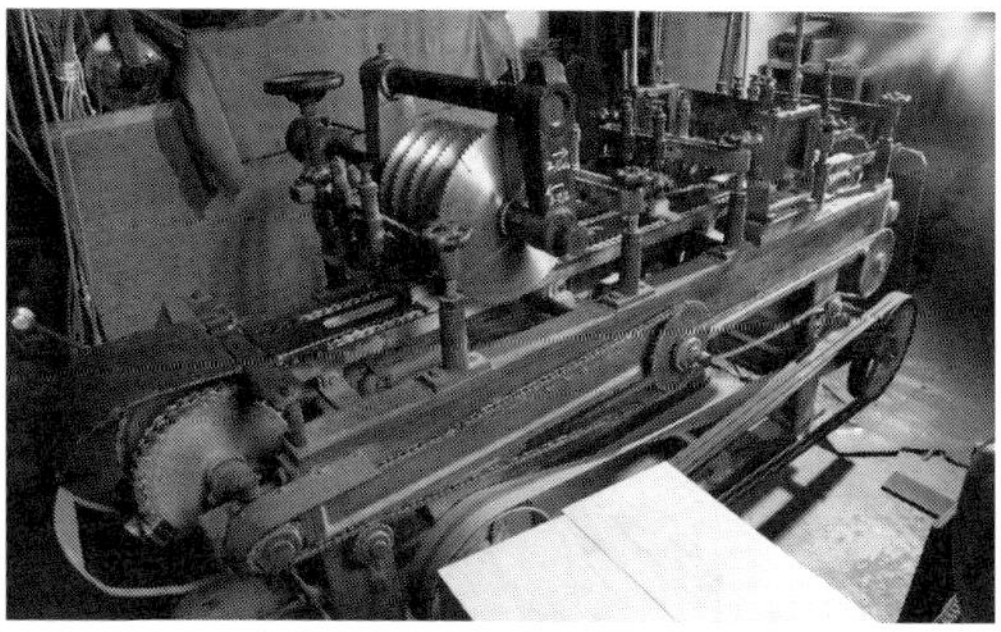

写真11　六分自動。7枚の丸鋸で一度に下駄の裏を仕上げてしまう※

写真12　六分自動から出てくる七分品※

写真13　切り揃えて出てきたところ。左端から右端まで、途中横に切る丸鋸も含めて7枚の丸鋸が一度に切削する※

写真14　工程に飲み込まれる五分品※

鋸で切削する（写真11～15）。この間挽きによって下駄の歯の形と寸法が決まる。間挽きの後、「はうらとり用ノミ」を使って、切削できずに残った部分をきれいに取り除いて仕上げる（写真16）。六分自動カンナは、すべて鋳物でできている。間挽きをすべて手作業で行なった場合、自動カンナを使う場合の3倍近い時間が必要となる。

【ひやかし】

六分挽きしたものを、20分くらい水に浸して軟らかくする。台のすべての面が水に浸るようにする。冬は湯にすれば吸水が

写真15　六分自動に掛ける前（左）と後※

写真16　削り残った部分を「はうら取り用ノミ」で処理する※

速く短時間ですむ。

【七分挽き】

軟らかくなったところで、七分挽きにとりかかる。台の裏側にあたるところで、2枚の下駄の歯の間の部位ほかを、七分自動カンナで削る(写真17、18)。

七分自動カンナは、荒カッターと呼ばれる3枚の刃と仕上げカッターとよばれる3枚の刃を持っている(写真19)。連続してカンナ掛けをすることで、表面をきれいに仕上げるもの。40～100足にカンナ掛けするたびに、刃を調整する必要がある。

写真17　七分自動カンナ。カンナ屑が飛ぶので上に板をあてがっている※

写真18　七分自動カンナ。カンナ掛け直前※

写真19　七分自動カンナの刃。3枚ずつ並列で、左3枚が荒カッター、右3枚は仕上げカッター※

写真20　七分自動カンナを掛ける前(右)とカンナ掛け後※

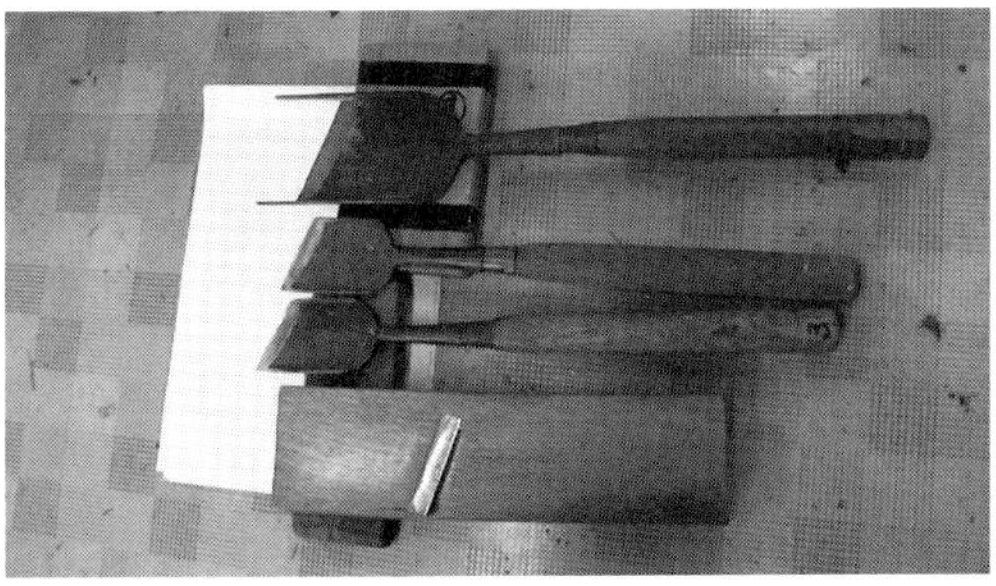
写真21　手作業の場合の七分挽きに使う工具。上から牛ノウ、ノミ2本、カンナ。牛ノウは両端に角のような刃がついていて隅をきれいに削れるようになっている※

写真22　手作業の場合には、牛ノウで間挽きする※

刃の設定は微妙な調整が必要で、熟練を要する。このカンナ掛けにより、台の裏はすべてカンナが掛かることになり、柾目が引き立つようになる(写真20)。

　七分挽きは、下駄の長さによって自動カンナに掛からない場合もあり、ノミ、カンナ、牛ノウなどの工具による手作業で行なう場合もある(写真21、22)。

【オガミ挽き】

　間挽きしたものを、特殊なオガミ挽きカンナ(写真23)を使って、下駄の裏側や歯の部分をカンナ掛けする(写真24)。このオガミ挽き用カンナは、駒下駄をつくる職人は全員持っているものだが、職人によってカンナの形状は違う。オガミ挽きの刃先はL字型になっていて、歯の角の直角をきれいに出せるようになっている(写真25)。

　ここまでの工程が済んだものは、「七分品」とよばれている。

【鼻回し】

　高速回転する自動カンナで下駄の角をまるめる。形が決まる決定的な作業で、熟練を要する。下駄の「型」を当てて、台の側面を削るのが「鼻回し」の工程(写真26〜29)。自動カンナの刃は

写真23　オガミ挽きによる作業※

写真24　オガミ挽きカンナで歯の直角の部分をきれいに仕上げる※

写真25　オガミ挽きカンナの刃。先端がL字になっている※

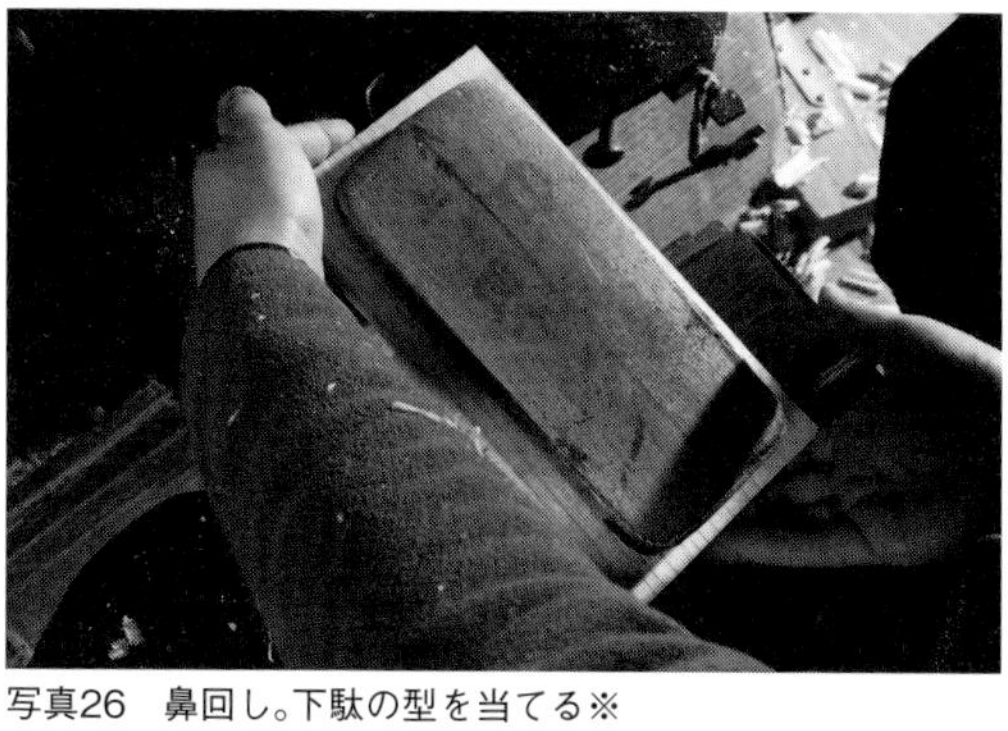

写真26　鼻回し。下駄の型を当てる※

図　木目と刃の回転方向

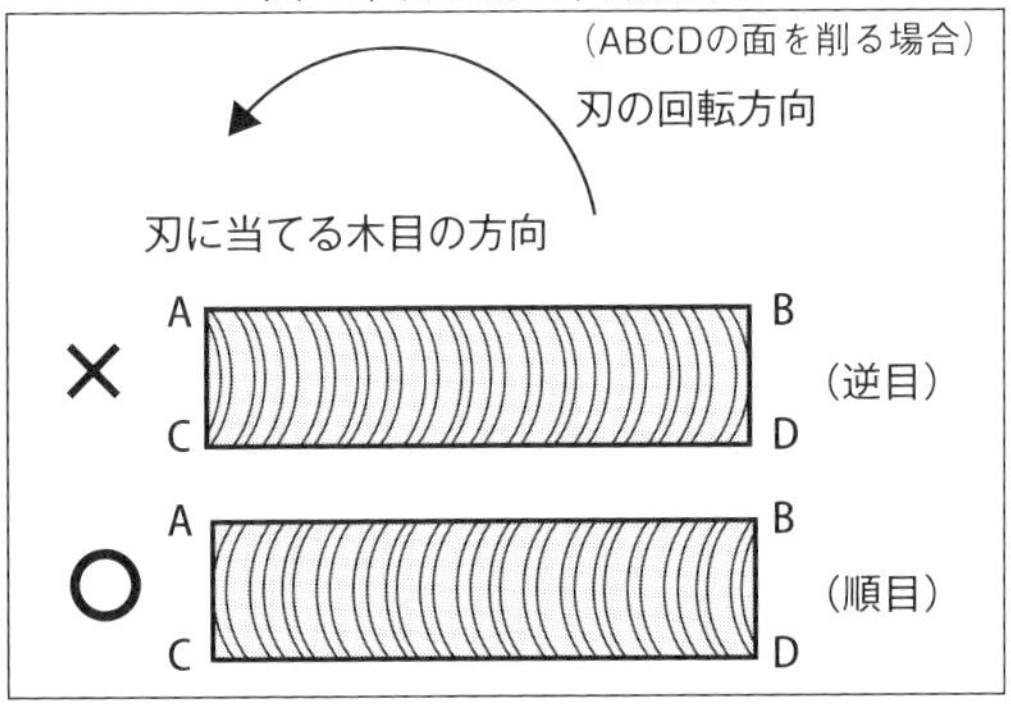

4枚で、左回りに回転する。

鼻回しでは、下駄の台の側面の木目を読んで、カンナの刃の動く方向に対して、逆目にならないように木目の方向を見定めて行なうことが肝心だ（図）。逆目になると割れることもある。

鼻回しに使う「型」が一つの下駄製品をつくり出す原型であり、新たな製品を開発するたびに型をつくる。三代にわたって引き継がれた型などをみると、その製品の人気のほどがわかる。桐乃華工房にとって、これらの型は下駄づくりの財産の一つといえるものである（写真30）。

【孔開け】

前坪、後坪の孔を開ける。

【ダボ入れ】

かかとの部分が減るのを抑えるために、後ろの歯に孔を開け

写真27　鼻回し前（左）と後（右）※

写真28　鼻回し。刃の回転方向と木目の方向を見て、逆目にならないように注意する※

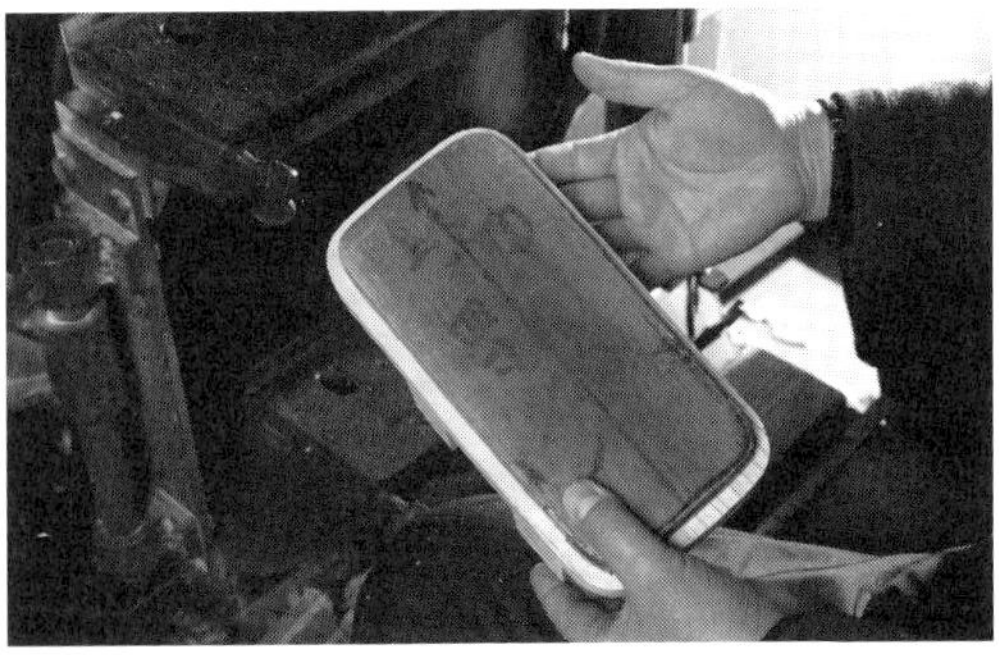
写真29　鼻回しを一通りかけた状態※

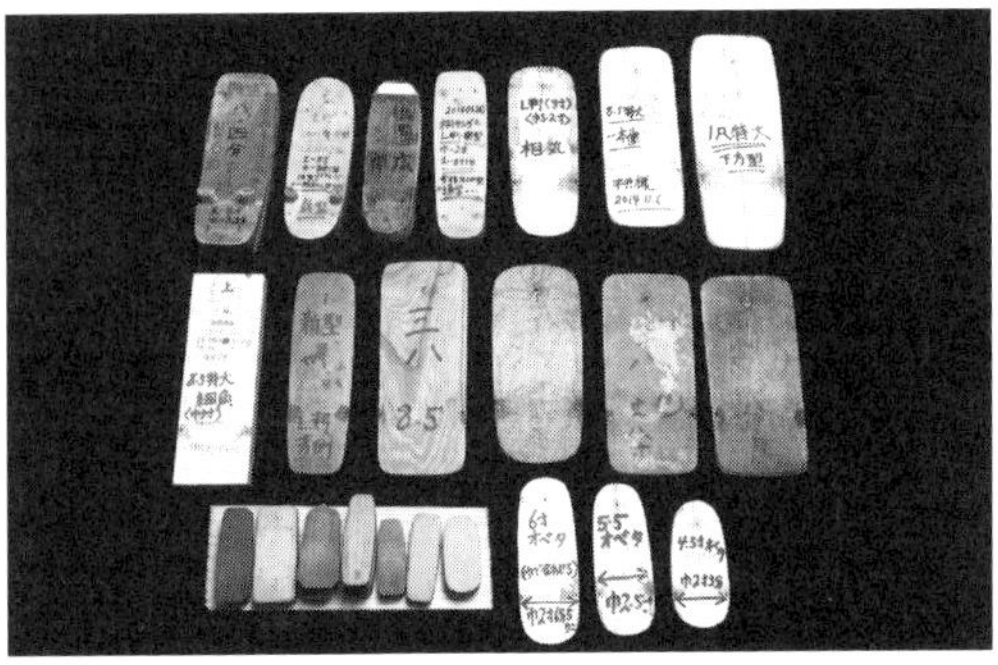
写真30　下駄の型のいろいろ。幅がせまいのは女物。最近は長さが30㎝のものも※

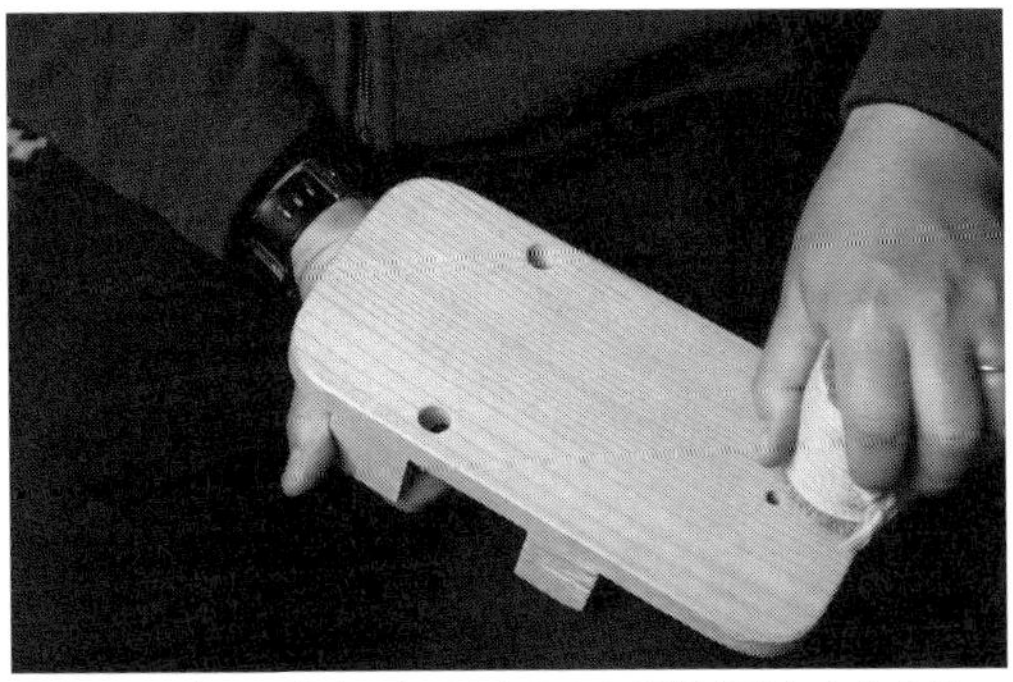

写真31　バフで磨く。バフはカルカヤの根を束ねたもの※

仕上げ。前坪、後坪の孔を開ける※

写真32　砥粉※

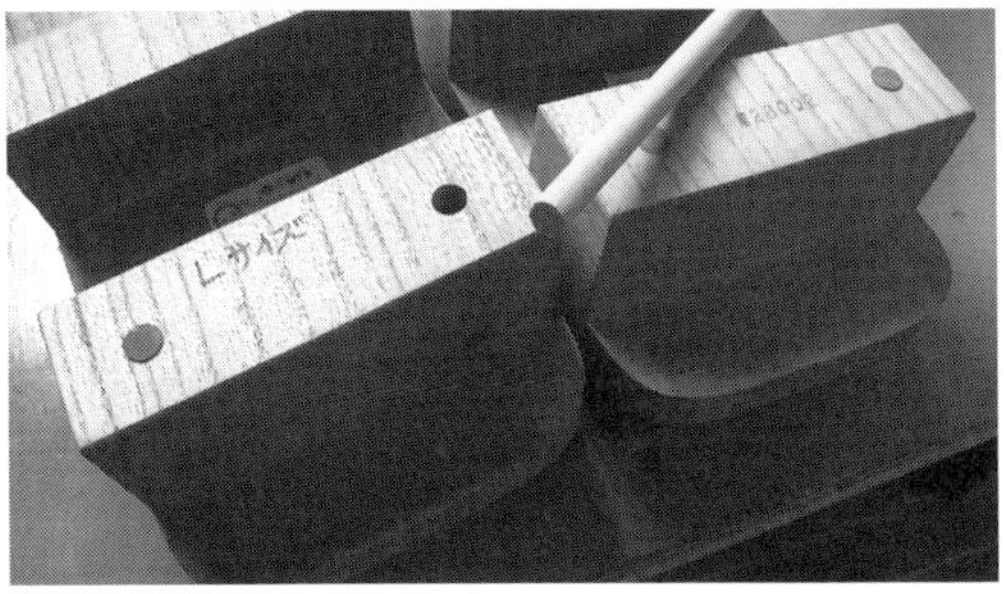

ダボ入れ。ダボとその材料となるホウノキの丸材。後ろの歯にすり減り具合を遅くするために、ホウノキの小さい丸材を打ち込む※

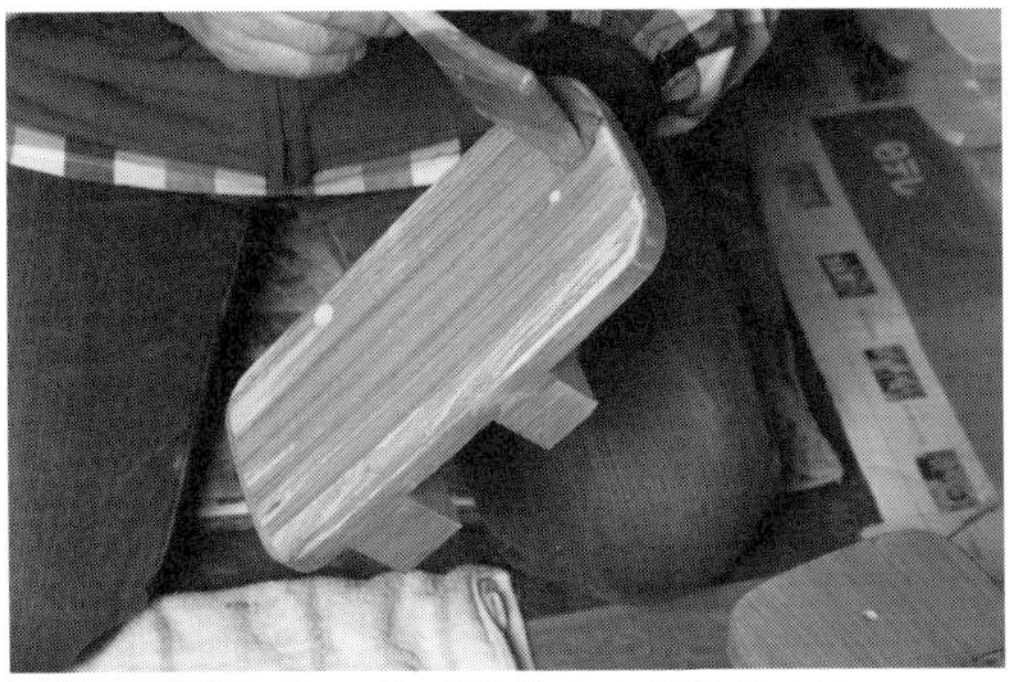

写真33　砥粉を塗る。塗る部位は、天と側面、背中※

て、ホウノキの木釘（ダボと呼ぶ）を打ち込む。

●磨き工程

【砥粉を塗り磨く】

ダボ入れも済み、台が仕上がったら、無垢のものに砥粉《とのこ》を塗り、乾いてから「バフ」というブラシのついた機械（手で磨くための小さなバフもある）で磨く（写真31）。砥粉は京都産の土でこれを水で溶いたもの（写真32）。

木目のところは沈みがちになる。沈みがちの木目に砥粉を載せて固めることで、木目が浮き上がり、見映えがよくなる効果がある。

塗りは母親の幸子さんの役割。砥粉を塗る部位は、天と側面、背中（写真33、次頁の図）。水に溶いた砥粉を塗って表面の木目を埋め、塗ってから乾かす。天気が悪いと乾きも遅い。水分が飛んで乾き、木目が目立って自然な光沢をもったところで、液体ロウを塗ってから、「うづくり（バフ）」で磨

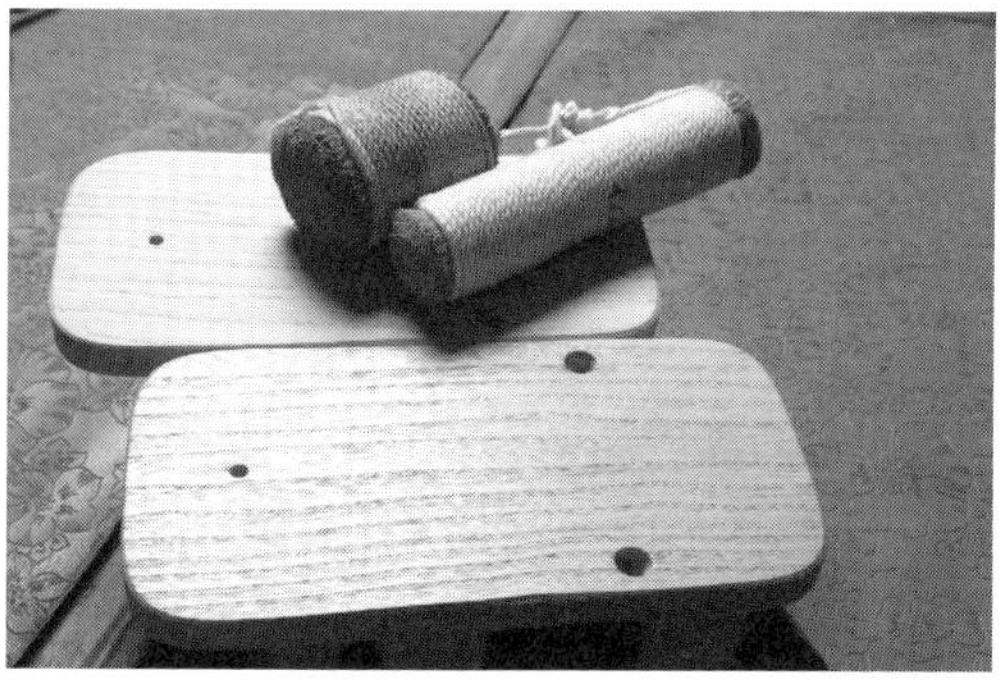

写真34　バフ仕上げ。台の上にのるのがバフ※

図　塗粉を塗る部位

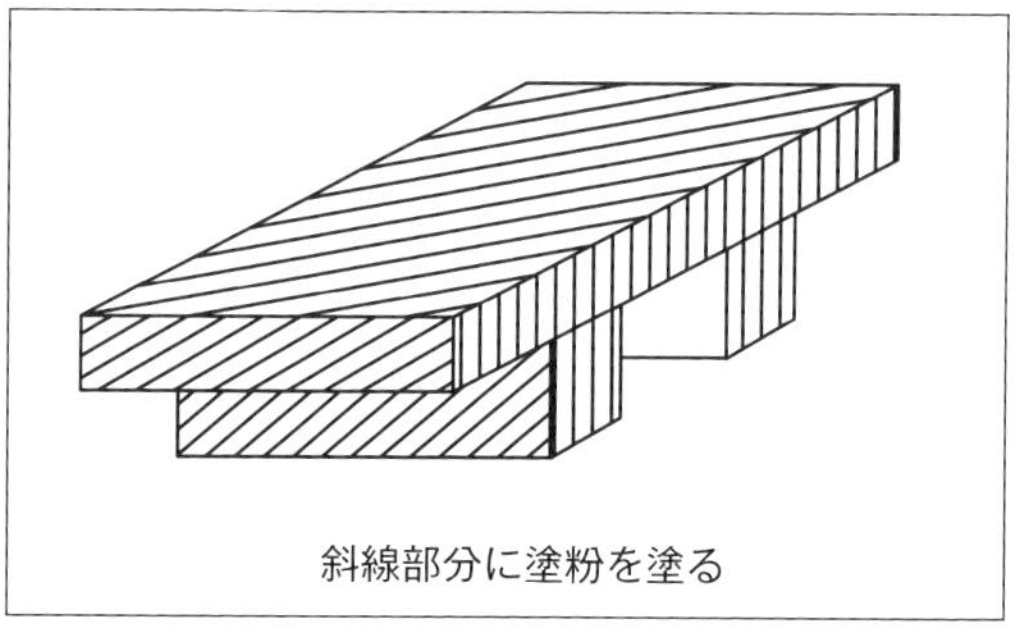

写真35　塗る前(左)、塗り上がり直後から、右へ順に乾燥するまでの具合※

く(写真34、35)。カルカヤの根は油分を含むためこれを束ねたバフで、木目と繊維に沿って磨けば、光沢が出る。

●鼻緒をつける

【鼻緒すげ】

鼻緒すげのための材料と道具は写真の通り(写真36)。鼻緒をつげ、桐の花型の前金で留めれば仕上がりとなる。鼻緒は複数の鼻緒職人から仕入れている。

①後坪になる方の鼻緒2本のそれぞれの端から、綿を少し引き出してふくらみが薄くなったら、生地を平らに伸して目通しで孔を開け、その孔に鼻緒の紐を通して、輪をつくって締める(写

写真37　鼻緒すげ。鼻緒先端の調製※

写真38　鼻緒すげ。鼻緒先端の調製※

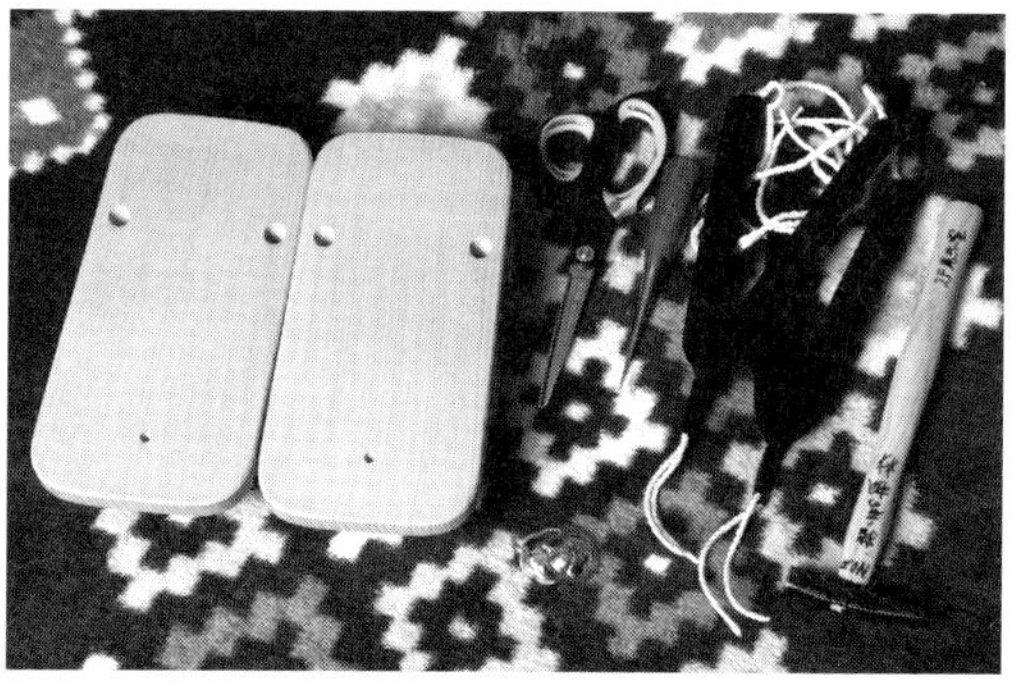

写真36　鼻緒すげの材料と道具※

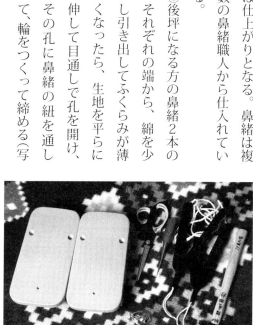

真37、38)。

②前坪と後坪のそれぞれの孔に鼻緒を通す(写真39、40)。

③前坪の鼻緒の先の紐をたんこぶ締めにした後、しっかり縛って抜けないようにする。金槌で軽くたたいて固めた後、桐の花型を当てて釘で留め、結び目が見えないようにする(写真41〜44)。後坪の鼻緒は、それぞれの紐の輪を交互に3回通してたんこぶ締めにし、張りつめた紐の束にする。これに残った紐をコイルのように巻きつけて仕上げる(写真45〜47)。紐は長すぎるくらいに調整して結ぶ(写真48)。

写真39　鼻緒すげ。前坪・後坪に鼻緒を通す※

写真40　鼻緒すげ。まず、後坪に鼻緒を通す※

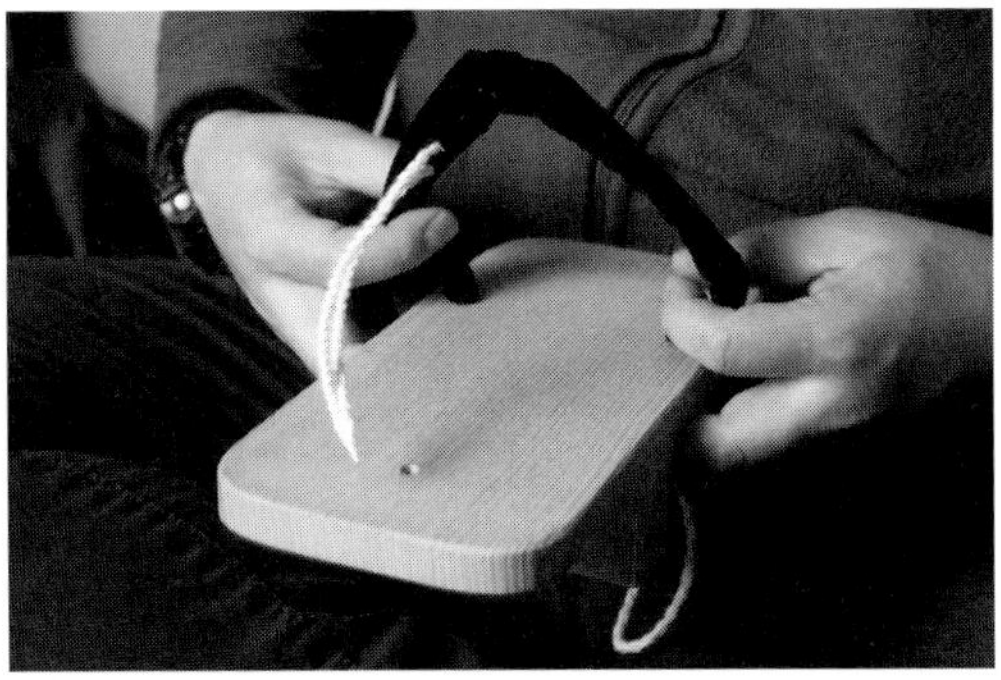
写真41　鼻緒すげ。前坪の処理※

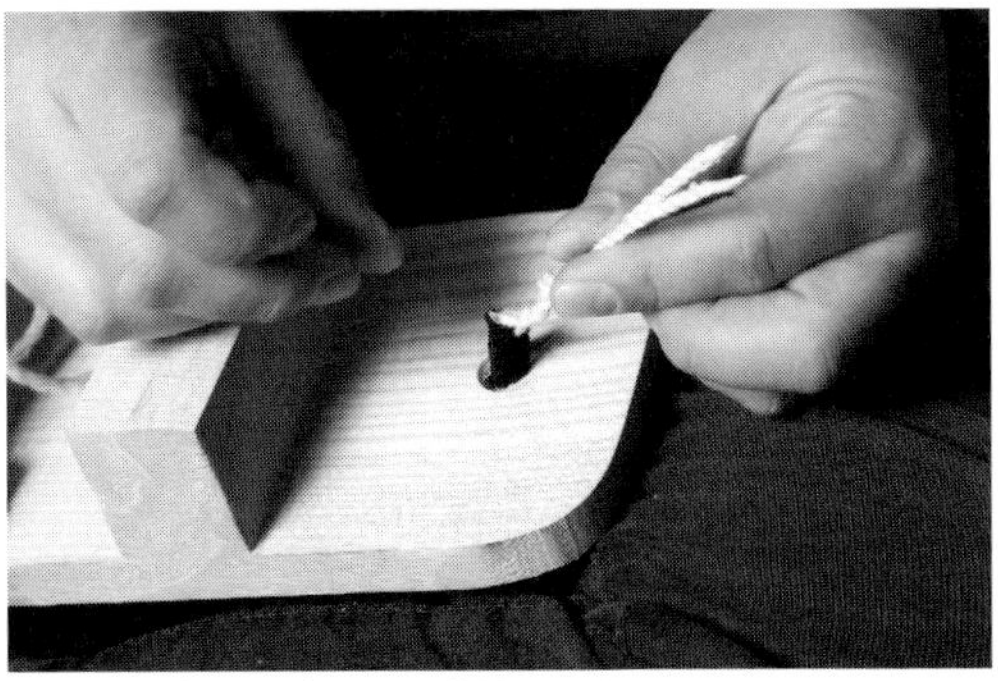
写真42　鼻緒すげ。前坪に鼻緒をさす※

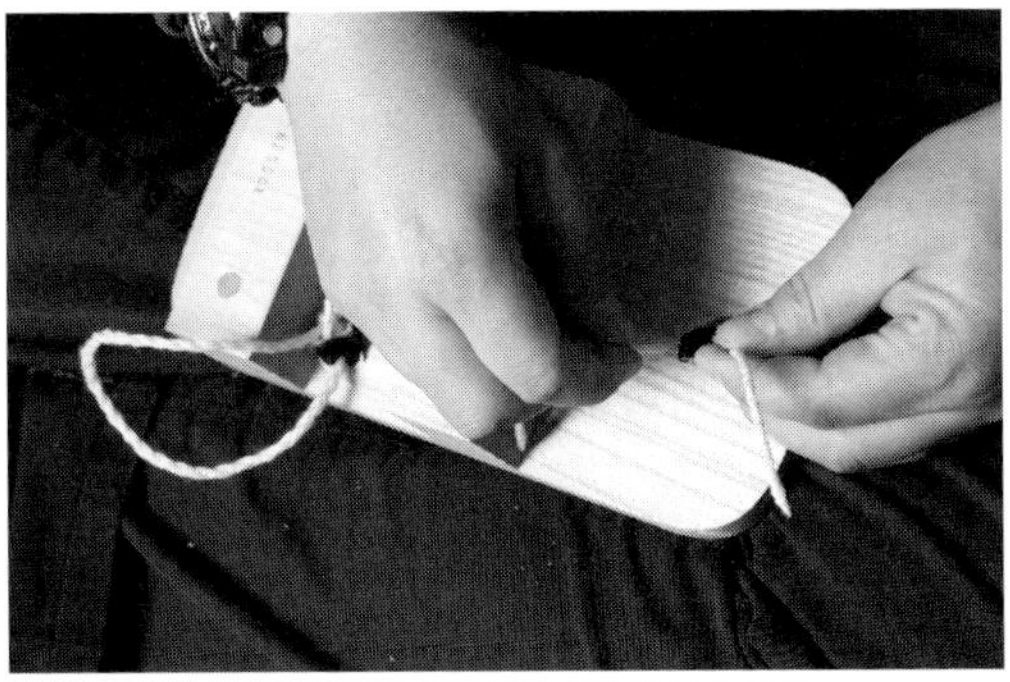
写真43　鼻緒すげ。前坪をたんこぶ締めにする※

写真44　鼻緒すげ。前坪の完成※

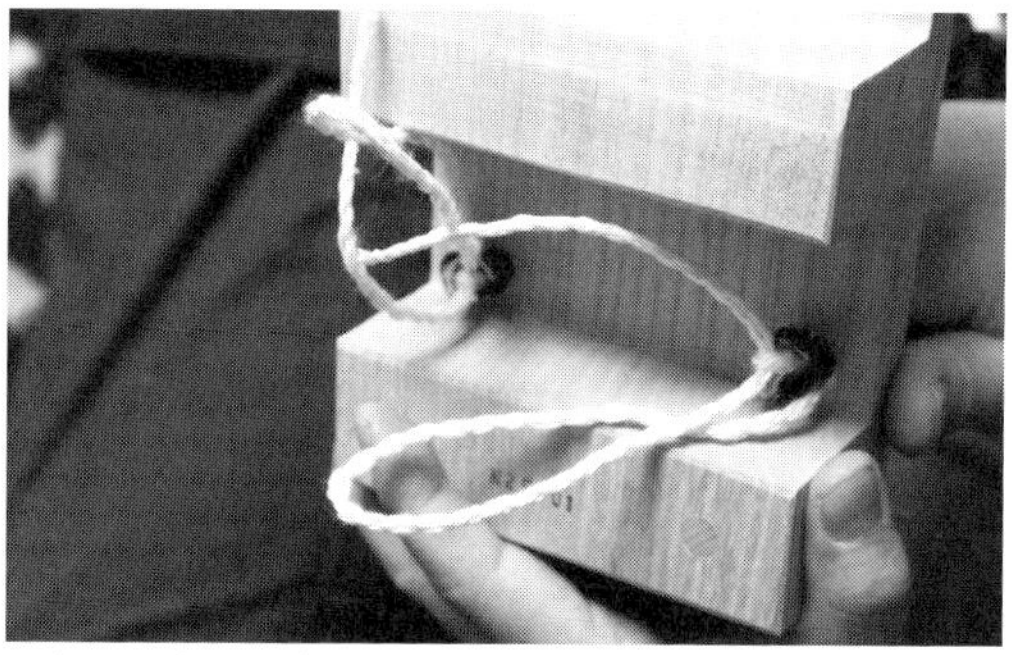

写真45　鼻緒すげ。後坪に紐の輪をつくる※

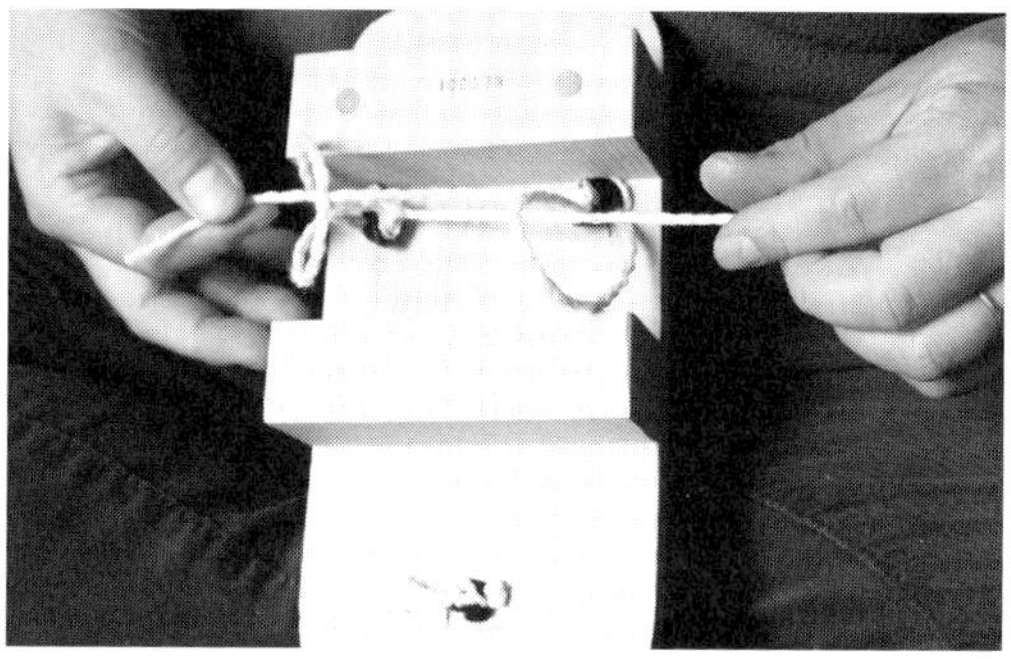

写真46　鼻緒すげ。交互に紐の輪を通す※

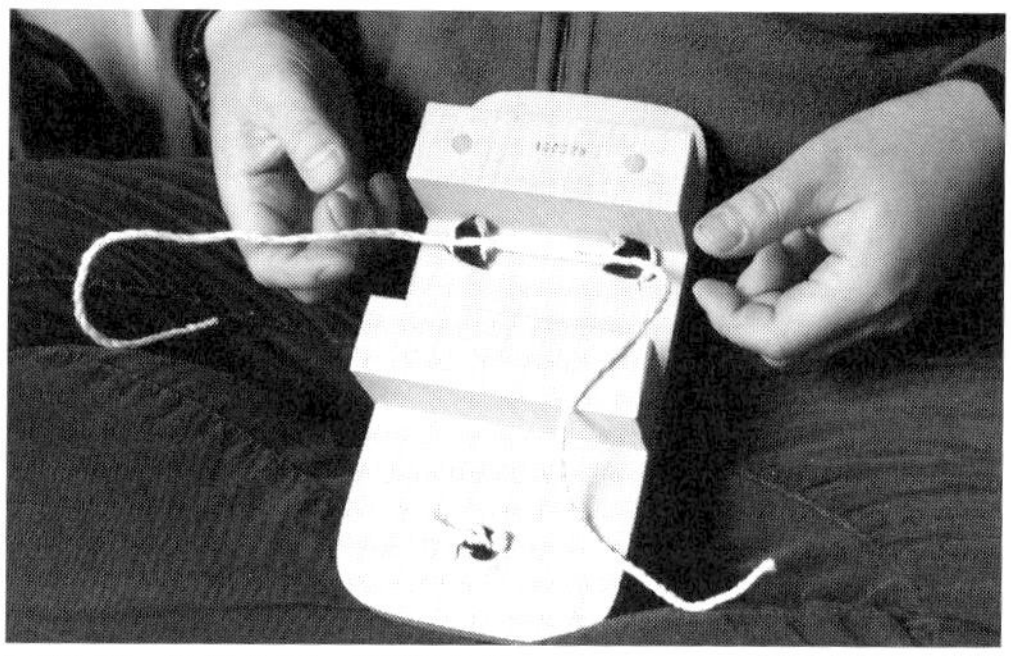

写真47　鼻緒すげ。3回紐を通してたんこぶ締めにする※

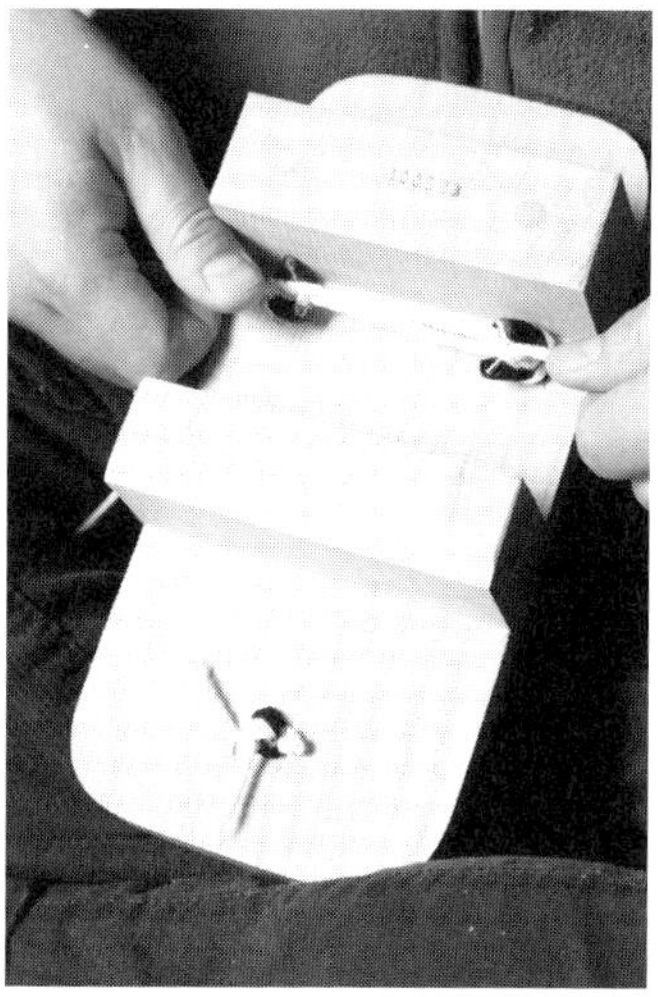

写真48　鼻緒すげ。後坪の処理※

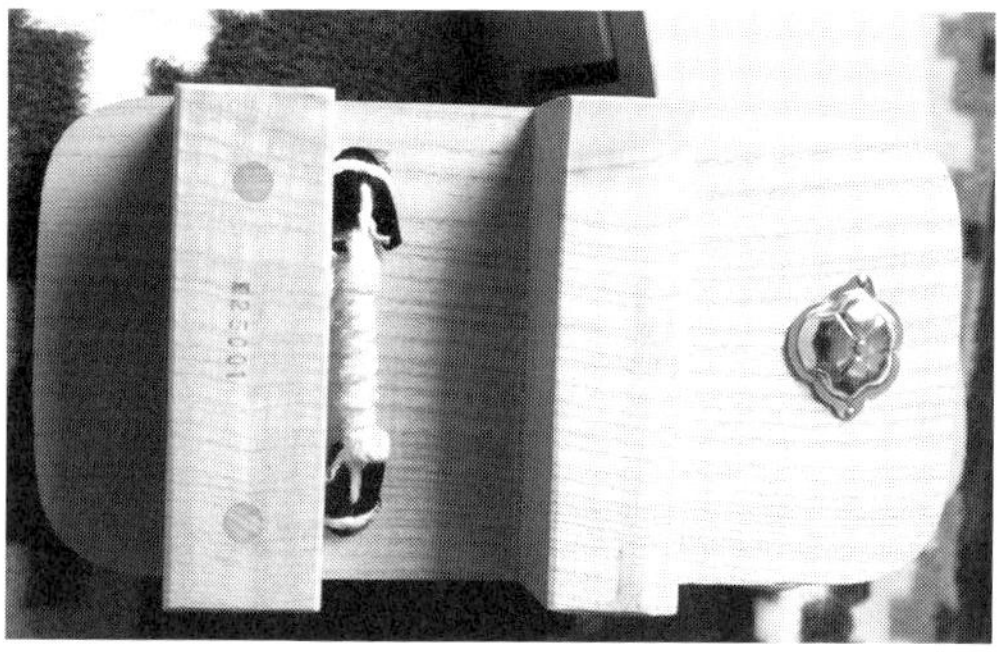

前坪には金具を付ける※

鼻緒すげが完成※

（編集部／桐乃華工房・猪ノ原武史）

春日部の押絵羽子板

「押絵《おしえ》羽子板」は、桐材でつくった羽子板に押絵の装飾を施したもの。その押絵は、厚紙に羽二重の布をかぶせ、その中に綿を入れてくるみ、立体感をもたせて歌舞伎役者が見得を切ったときの表情や仕草などを描く。綿の入れ具合やくるむ方向、布の使い方などに職人の技が活きる。

押絵羽子板（「かすかべ押絵羽子板と特産品まつり」会場にて）

春日部の押絵羽子板は、太平洋戦争時に、浅草の押絵師たちが戦禍をさけて、桐の産地であった埼玉県の春日部に移り住んだことに始まる。豪華な装飾を施した「振袖」といわれる羽子板のデザインも春日部から生まれたという。

当て材の取りつけ作業（写真：倉持正実）

押絵を台木に貼り付ける（写真：倉持正実）

歌舞伎の名場面に合わせてデザインを考え、生地を揃えてから仕上げるまでに、最低でも3か月、大きなものでは数年を要するものもある。最近は歌舞伎衣裳の生地と同じ布の生産が減り、入手に時間がかかるようになったとは職人さんの話。デザインも歌舞伎に限らず、アイドルやアニメ、猫などをモチーフにしたものも登場している。

アイドルや猫などをモチーフにするものもある

桐材の小物の技法

◇桐の町石岡からの挑戦

●高安桐工芸の歩み

かつて桐産業で栄えた茨城県石岡市にある高安桐工芸では、原木から製材し、桐箱や小物に加工して販売している。初代の高安均さんは桐たんすを製造していたが、二代目の英直さんが、陶芸家の作品を入れる桐箱の製造を始めて事業が拡大。当初は桐の製材所から仕入れていたが、製材所からの仕入れでは製作できる範囲が限られるという問題があった。

そこで英直さんの決断により、製材機器を導入。製材設備を持つことで、原木仕入れもできるから、長さ、厚みともに自身の求める材料が入手できるようになり、経営基盤も強化され、周囲の工房や製材所が廃業するなかで、ひとり生き残る結果にもなった。

今は、英直さんの息子の尚訓さんが三代目を継ぎ、あらたな工芸品を生み出しながら、由佳理夫人と経営に奮戦している。尚訓さんにとっては、初代から引き継いでいる木工機械類が一式揃っているのも強みだ（写真1～4）。

レールの上を走る台車に原木丸太を載せて、帯鋸で製材する

写真1　ほぞ抜き機（写真：倉持正実、以下※はすべて）

写真2　サンダー（研磨機）

写真3　手押しカンナ

写真4　超仕上げカンナ※

自動カンナによる粗仕上げ※

太い原木も台車で移動できる※

設備（写真5～7）をはじめ、各種の電動カンナや研磨機などの木工設備は、高安桐工芸にとって大きな資産になっている。これをどう生かして製品を生みだすか。尚訓さんは、父の英直さんの技術的見識にも支えられながら、製作に販路開拓にと忙しい毎日だ。

写真5　レールの奥にあるのが台車。その左が帯鋸※

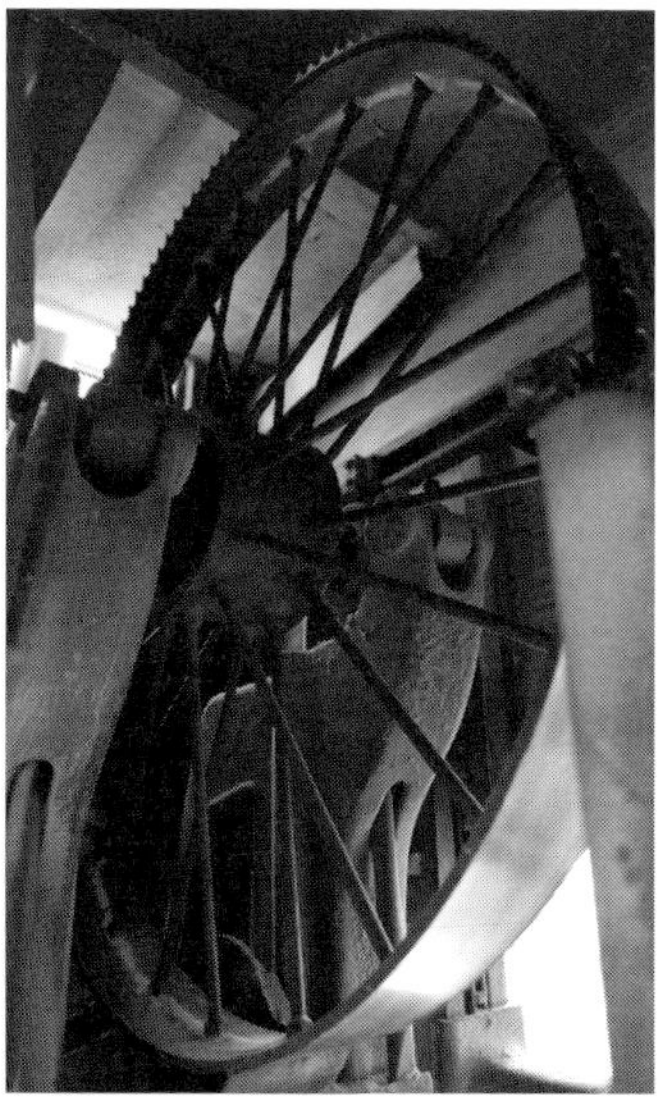
写真6　大きな帯鋸※

写真7　帯鋸の底部※

●桐材の特徴

桐材は、軽さと温かさが特徴。座って温かい椅子、軽くて扱いやすい家具ができるから、高齢者にもやさしい。畳の上でも使える踏み台や、容器にしても、軽くて扱いやすいものができる。

臭いや湿気を吸収する特性もある。熱を通してしまうので、砂糖やチョコなど熱で溶けるものには使用できないが、軽さと吸湿性、臭いを吸着する特性を生かして、お茶やコーヒー、ハーブティーなど香りを大切にするものや、湿気を嫌う調味料を収納する容器として、最適なものができる。米びつに利用することもある。

●製品群

インテリアとしてはテレビ台、収納ラック、小型の椅子とテーブルのほか、今開発途中の小物では、バターケースなどがある。「桐の特長が生きる製品」が開発コンセプトである。

【桐箱】

陶芸作家の作品を収納する容器として、製作が始まったもの。制作を始めた昭和40年代には、当初の予想を上回って何百個という単位で注文が入ったという。

近年は顧客からの依頼で、40年ぶりにかつて納品した製品の表面を削り、再生する作業を施している。今と40年前とでは、桐箱の製法にも違いがあるという。

桐箱※

桐箱※

桐箱の内部と蓋※

桐箱の蓋。桟を付けると４枚の部材を使うことになる※

40年前は、箱の側材を寸法に合わせて切り出す際に、底の部分の材まで含めて一緒に切り出した。箱の側を仕上げた後、同じ寸法にとった底材をはめ込んで仕上げる。今は、底板だけ多少大きめに切り出しておいて、箱の側面ができたところで、底板をはめ込み、飛び出している分はカンナを掛けて寸法を合わせる。

40年前のものは木目も寸法もきっちり揃っていて、仕上がりの差がわかる。蓋《ふた》には桟《さん》を付けるから、この分の細い桐材も必要となる。

一般には、桐箱は蓋のあるなしによって分けられる。蓋つき桐箱には、蓋の形式によって、蓋の四方が箱の外にかぶさる形式の「かぶせ蓋」、蓋の内側に桟を付けるものには、桟が2本の「二方桟《にほうさん》」、4本の「四方桟《しほうさん》」がある(下図)。

また、蓋が箱の枠の中に落ちる形式の「落とし蓋」、横から差し込む「さしこみ蓋」、箱の側板と蓋がかみ合って気密性が増す「印籠蓋《いんろうぶた》」などがある。

【桐材のアタッシュケース】

取っ手には桐箱に使う真田ヒモを使い、取っ手を固定するための金具には、桐たんすに使う円形の真鍮を使っている。

桐箱の底板をカンナで削る※

アタッシュケース※

【桐の小型容器(ストッカー)】

緑茶やコーヒー、ハーブティーなどの香りを保持する必要のある食材や、湿気を嫌う食材・素材を入れるのにいい小型の桐箱ストッカー(次頁の写真)。先の桐箱の種類でいえば、印籠《いんろう》蓋に分類されるものだ(箱の分類は左図を参照)。角を丸めた形にアピール力があったようで、おそらく角ばった形のままであれば、普通の桐箱として見過ごされる製品だったかもしれない。角を丸めたことで、これは何だろうかとお客様の興味を喚起し、手に取ってもらえるデザインになっている。

この取っ手付きの小型桐箱ストッカーは、

図　蓋のいろいろ

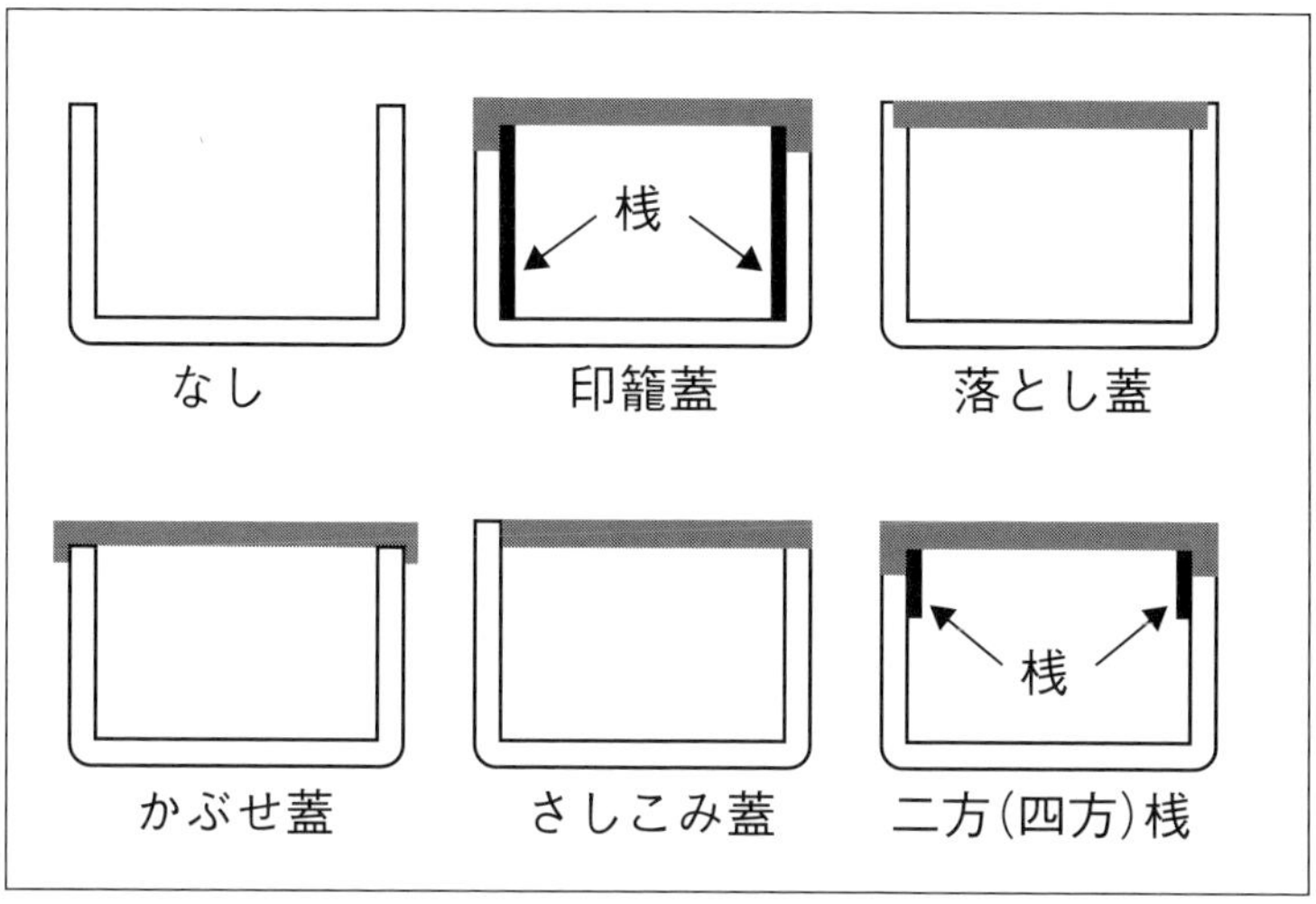

大・中・小と3種類あり、大はコーヒー400~500g分を収容できる。水洗いできるので粉ものなどにも使える。取っ手は、木釘の入るくらいの溝を取っ手と蓋の本体の両方に開けて、木釘を刺してつなぐ。

菓子類は乾燥状態と袋デザインで値が決まるといわれるから、高級感をもたせる包装にはうってつけの容器である。

ストッカー※

【ティッシュボックス】

「一般家庭で使うものに、桐材をもっと活用できないか」という思いで取り組んだ最初の商品である。アイデアを絞り込んでいくなかで、ティッシュペーパーは誰もが確実に使うものだから、ティッシュボックスは必ず需要があるだろうと考えた。

ティッシュボックス※

陶器を入れる桐箱をメイン商品にしてつくり続けてきたので、商品開発の当初は桐加工品=「収納」というイメージが頭から離れず、ティッシュペーパーも収納品に当たるという発想だった。「収納」機能にこだわらず、ランチョンマットやまな板に展開できるようになるのは、ティッシュボックスをつくり上げてから後のことである。

木箱は重いというイメージしかなかったが、ユーザーは、まずそのティッシュボックスの軽さに驚く。蓋を沈むように設計した(落とし蓋形式)ので、外枠になる木箱に収まるものなら、大きさにかかわらずいろいろなタイプのティッシュが利用できるものになっている。

【盆兼ランチョンマット】

盆兼ランチョンマットは軽いので、重たい食器を乗せても運びやすく、配膳の手間もかからない。安全性の高いオスモカラーを塗装してあるので、皿のように食品を載せることができる。

盆兼ランチョンマット※

名刺入れ※

コースター※

小型の椅子※

【コースター】

桐製品の直線的なイメージから離れた、個性的な形に仕上がっている。保護力の高いオスモカラーを塗装しているので、輪染みなどが付きにくく、安心して使用できる。

【名刺入れ】

この名刺入れの上に相手の名刺を置くと、ちょうど額縁にいれているように見えて、面談の間も相手に敬意と丁寧な対応を印象づける効果がある。蓋の動きを工夫して1枚だけ取り出せるようにした。

【桐の椅子】

ほかの木材に比べて、圧倒的な軽さが特徴の桐材の椅子。桐は温かいので、すわったときに座面が冷たくないのも優れている。

【テレビボード】

桐たんすの製作技術で、抽《ひき》斗《だし》はレールを使わずともスムーズに引き出すことができる。

【桐のまな板】

薬処理をしていない木材は、食品に触れても安全で、桐は水切れが良く乾きが速いので非常にまな板に適している。

桐は軟らかい木

まな板(写真:高安尚訓)

テレビボード※

獅子頭※

であるが、寒冷地の桐を使用しているためにほどよい硬さとなり、傷やへこみが生じにくくなっている。硬過ぎる木では刃こぼれの原因になることがあるが、桐は包丁の刃を守るため、プロの料理人も愛用している。

【獅子頭】

石岡市内では、お祭りの獅子頭は桐材を重ねてつくられる。お土産品として販売される小型の獅子頭の形をつくる土台に、桐の廃材であるおが粉を糊で固めたものを使っている。糊で固めたおが粉製の土台は、見かけの大きさに比べて軽く、割れにくい素材になる。

●技術を生かした請負作業

古い桐たんすでも、表面にカンナ掛けをすることで、再生させることができる。こうした再生補修作業も請け負っている。

鏡面台や文机など、親族が残した形見となる木工家具の再生、補修を請け負ったこともある。こうした再生補修の作業は、桐材ばかりでなく他の材料を使用したものも引き受けている。

●原木の買い付け

毎年６月に、秋田県の雄勝《おがち》広域森林組合が「桐の原木市場」を開催している。国内でも数少ない、原木を見ながら取引ができる機会で、高安桐工芸も毎年参加しており、原木のキリを丸太で仕入れる。原木は曲りのないもの、節が少ないものを選ぶ。

雄勝広域森林組合は、旧湯沢市と雄勝郡内の雄勝地方、院内、明治、東成瀬、旧皆瀬村の５つの森林組合が合併して設立した。その後、２００２(平成14)年４月には、旧雄勝町の秋ノ宮森林組合も合併して、雄勝郡内が一組合となった。現在の組合員は２８８６名。

原木市場　秋田県雄勝広域森林組合（写真：高安桐工芸、以下※はすべて）

原木市場での商談※

原木仕入れ（写真：高安尚訓）

組合主催の桐の原木市場は、組合の事務局長が、個人栽培している人にも呼びかけていることもあり、個人の出荷比率が高い市場となっている。事務局長の定年退職で、来年からの開催が危ぶまれているが、組合長は継続の意向。近年は個人の出荷が少なくなっている。桐の良材は個人出しのものが多いだけに、尚訓さんとしては残念な思いがある。

●乾燥から製材まで

半割、または4ツ割にして原木のまま3年くらい露天に置く（写真1、2）。工房の庭回りに桐材を乾燥させていると、桐の丸太も扱っているという工房のPRにもなる。この丸太を見て仕事を依頼してくる人もいるので、看板代わりといえないこともない。

切り口が黒く変わっても干し続ける。黒くなるのはアクが出るためだ。直径が50～60㎝、30年生以上の木もある。

乾燥の基準は、厚さ1分（3㎜）で10日間としている。だから、

写真1　半割りでの乾燥（写真：倉持正実、以下※はすべて）

製材作業。材を挽く英直さん

写真2　原木丸ごとでの乾燥※

真っ直ぐに挽くのが製材作業のポイント

製材作業

製材での乾燥(写真:高安尚訓)

4分材なら乾燥の目安は40日、7分材なら70日乾燥させることになる。

製材作業では、ケガをしないことが第一である。昔の職人さんは、この製材作業で指を切り落とす人が多かった。作業のポイントは、とにかく真っ直ぐ押すことに気をつかう(写真)。真っ直ぐに押せないと曲がった板ができてしまうからである。

桐を製材してさらに乾燥させる(写真)。

●桐箱ストッカーの製造作業

桐箱の製造工程を左頁の図に示す。

①天日干ししてあった丸太を柾目《まさめ》、板目《いため》の木目を見て、板に製材する。

②製材した板を、天日に干して乾燥する。

③十分に天日干しして、アクの抜けた板材から柾目、板目の木目を見て、天板、側板、地板のパーツに切り分ける(粗木《あらき》取り)。

- 天板は柾目を使う。
- 地板《じいた》は、底板《そこいた》ともいう。呼称は、地域と職種によっても変わるものである。
- 途中に節があるなどで板目になってしまう場合や、始めから板目で製材したものは、目にふれにくい箱の地板として使うようにしている。
- いずれも設計した桐箱ストッカーの寸法よりも大きめに切り分けておく。とくに、側板は蓋の側板にする部分を含んで切り分けるようにする。

⑤切り分けたパーツの側面を、手押しカンナで削り、きれいにする。

⑥木目の並びを調整しながら、パーツを組み合わせ、木工用ボンドで貼り合わせて、バインダーで固定して締め付け、1枚の合板にする。

- 丸太のときには通直でいい素性のものでも、製材すると、木目の間の間隔が詰まっていない、いわゆる荒目《あらめ》の桐材も

図　桐箱の製造工程

原木
↓
製材
↓
木取り
↓
カンナ掛け
↓
寸法切り
↓
組立て
↓
バインダー
↓
研磨
↓
砥粉塗り
↓
磨き
↓
仕上がり

ある。柾目は、材として切り出したときに木目の詰まったものがよい。荒目の材でも他の材と木目を組み合せて合板にする。

⑦貼り合わせた後はバインダーで固定しておく。

・固定しておく時間は、湿度・温度の状態によるが、一般に夏なら2～3時間をかけ、冬には4～5時間が目安となる。雨の日や梅雨時、一日のうちでは朝と夕方は湿気が多くなるので、木が膨らみやすい。こうした条件下では、十分に乾燥するのを待つか、ストーブなどで乾燥を促進する。

⑧つくろうとする桐箱の高さに合わせて、寸法をとってカットする。

⑨高さの寸法に切った合板の表面に、自動カンナをかけてきれいに削る。

⑩さらに超仕上げカンナで仕上げる。

⑪桐箱の幅にあたる寸法に合わせて合板を切る。

・桐箱ストッカーの場合は、2枚を貼り合わせた合板から側板2枚ずつを切り出す。

⑫側板の上部から、蓋の側板として使う部材を切り分ける。

・こうすると、蓋と側板の木目がうまく合うことになる。

⑬桐箱の「身《み》」にあたる部分をつくるために、底板と側板4枚を貼り合わせて成形し、バインダーで固定する。

⑭桐箱の蓋の部分をつくるために、身の側板材から切り分けておいた蓋用の側板を、天板に貼り合わせバインダーで固定する。

⑮蓋ができたら、その内側に桟を貼りつけ、内側から井《い》桁《げた》に組んだバインダーで固定する。

・四方桟にしている桐箱ストッカーには、桟を4枚貼り付けることになる。

バインダーで組み上げる※

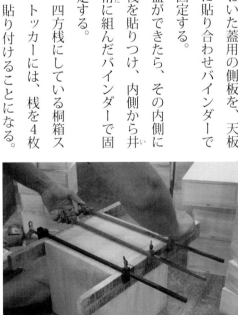

薄板でつくる桟には、製材の時に表面に傷などがあるものを取り分けておき、これを材料にして薄く切り分けてつくる。

- 桟を固定するバインダーは、端材でつくった板を蓋の内側に井桁に組んで、向かい合う側板を互いに押し合うようにする。バインダーには、端材を蓋の大きさに合わせて切ったものを使う。

⑯出っ張っているところに、カンナを掛けて形を整える。

⑰サンダー（研磨機）を使って、四方の角を磨き、丸みをつける。

⑱桐箱ストッカーの場合は、砥粉は塗らず、オスモカラーを塗って仕上げる。

- オスモカラーとは、ひまわり油、大豆油、アザミ油、カルナバワックス、カンデリラワックスなどの植物油と植物ワックスからできた食品と同レベルの安全な塗料。ドイツのオスモ&エーデル㈱の製品である。

- オスモカラーや色つきニスを塗った場合は、砥粉を塗らないため、木口は導管部分の吸い込みが強くなる。このため、色がより濃く出てくる。砥粉には、製品の色の濃淡を調整する役割もある。

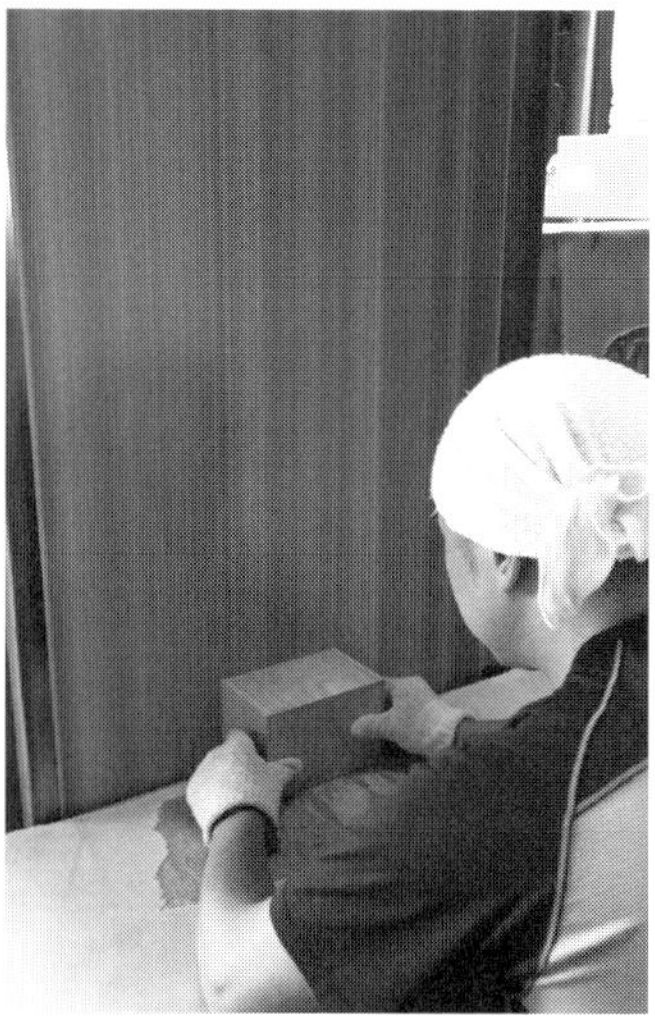
サンダーで磨きを掛ける※

【砥粉を塗って乾燥する桐箱の場合】

砥粉は石を砕いて細かくした粉末。これを、目止めという工程で水に溶いて使う。目止めは木の導管に砥粉を押し込むことで、孔を埋めて表面を平らにする意味がある。砥粉を塗らなければ部分的に凹凸のある仕上がりになる。より自然な趣だとして、砥粉を塗らない製品を好む人もいる。

⑲持ち手づくりにかかる。塗り作業が終わり、乾燥するまでの間に行なう。

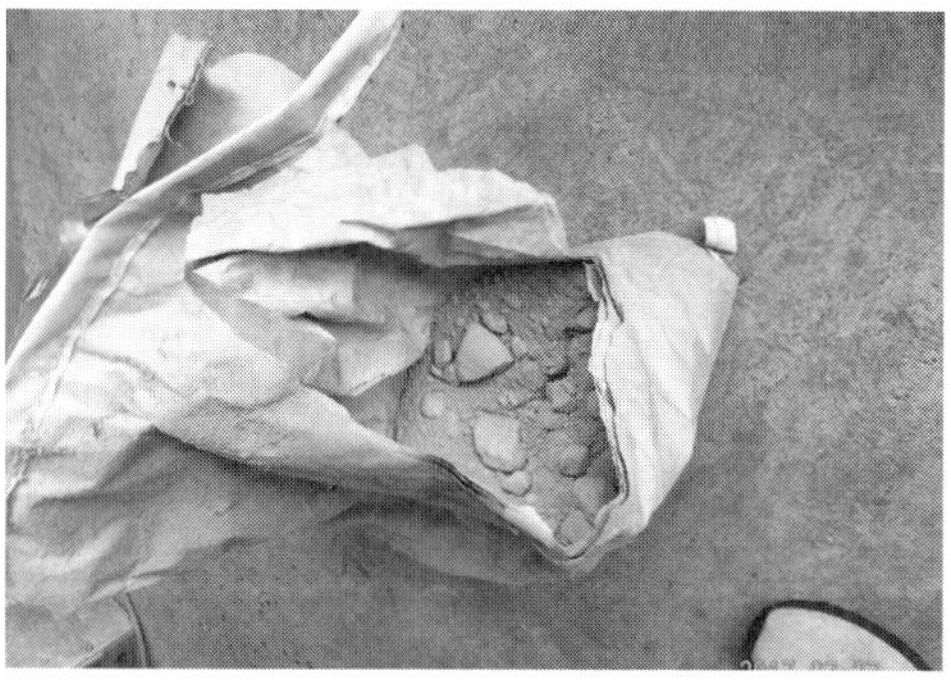
砥粉

砥粉を塗る

ストッカーの取っ手※

(1) 持ち手の寸法に合わせて切り出した木取り材を、糸鋸で持ち手の形に成形する。

(2) 蓋と持ち手の両方に、蓋と持ち手をつなぐ木くぎ用の孔を開ける。

(3) 木くぎ孔を開けた持ち手部材に、研磨機をかける。

(4) 別途に楊枝材などから成形して、木くぎを必要な本数つくっておく。

(5) 蓋と持ち手を木くぎで接合する。

(6) 持ち手にもオスモカラーを塗り、仕上げる。

⑳持ち手部分を、蓋に接合し完成する。

㉑出荷前には、十分な乾燥をかけておく。

・桐材の乾燥具合によって、蓋と身の合わせ目に隙間が広がるようなこともあるので、乾燥を十分に行なうことが大事である。店頭や販売展示場で、エアコンなどの条件によっては、蓋と身の間に隙間ができたりすることもあるからだ。ちなみ高安桐工芸店では、二方桟、四方桟の場合は必ずストーブを使って乾燥させることにしている。

廃材の利用法

桐を削った後の廃材(おが粉)は、埼玉県岩槻市の人形職人が利用している。おが粉と糊(ボンド)を混ぜたものを、人形の顔の土台をつくる素材に使う。人形の各部位をはめ込んで形にする際、つなぎのネジやボルトの脂取り用にも、おが粉が使われている。

キリを削ったあとのおが粉

図　桐箱ストッカーの製造工程

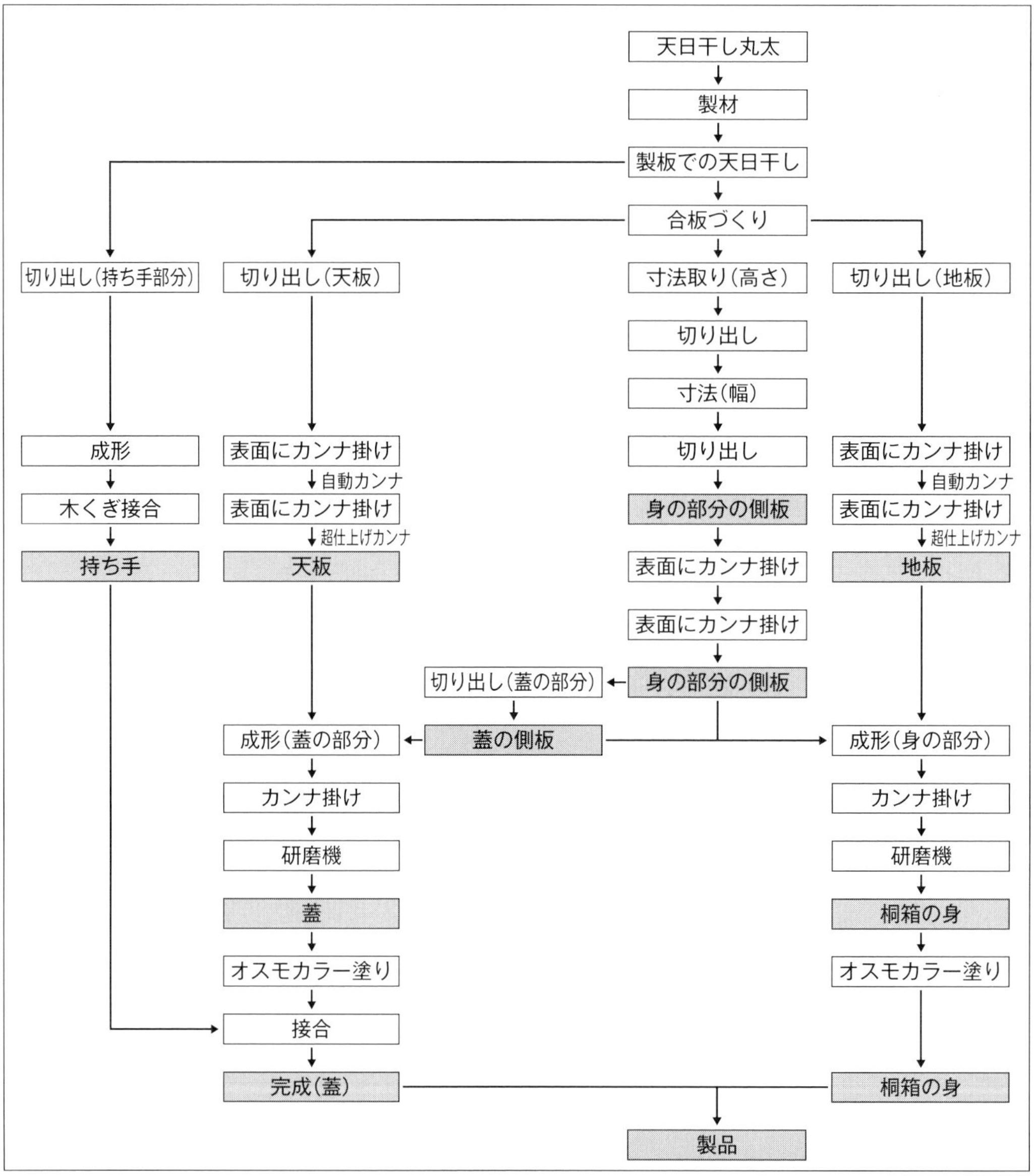

(編集部／高安桐工芸・高安尚訓)

左から右へと工程にそった途中経過を示している。桐材を貼り合わせた段階から、取っ手を取り付けて、角を丸くし、砥粉を塗って磨き、仕上げる※

参考文献

青野　茂　１９８９年「会津桐　栽培の現状と今後の方向」『林業福島』（８）　公益社団法人福島県森林・林業・緑化協会

陳　翥　１０４９年『桐譜』

古川成治・青野　茂　１９９９年「会津桐の栽培技術体系化に関する研究：キリ胴枯性病害抵抗性の検定法」『福島県林業試験場研究報告』（32）　福島県林業試験場

深根輔仁　９１８年『本草和名』

飯塚三男　２００２年「桐属分布特性についての研究」（未発表）

石栗　太・丸山さおり・鈴木将人　２００２年「キリ材の変色に及ぼす燻煙熱処理の影響」『木材工業』57（５）（通号６６２）　日本木材加工技術協会

石栗　太・奥　竹史・吉澤伸夫 他　２００２年「資料　変色したキリ材の観察」『宇都宮大学農学部演習林報告』（38）　宇都宮大学農学部附属演習林報告編集委員会

北川　魏　１９２０年『桐造林法　附南部桐』　三浦書店（三浦常吉）

北川　魏　１９３９年「桐苗の分根育苗法」『富民』１９３９年４月号　富民協会

貝原益軒　１７０８年『大和本草』

苅住　昇　２０１０年『最新樹木根系図説　各論』　誠文堂新光社

小泉和子　１９８２年『ものと人間の文化史46　箪笥』　法政大学出版局

熊倉國雄　１９７２年『桐の栽培法』　東洋館出版社

熊倉國雄　１９８１年『特産シリーズ　キリ　よい材質の仕立て方』　農文協

栗谷川仁右衛門　１８５８年『山林雑記』（『日本農書全集』第56巻　農文協）

宮崎安貞　１６９７年『農業全書』（『日本農書全集』第12巻　第13巻　農文協）

宮負定雄　１８２６年『農業要集』

宗形芳明　１９８８年「会津桐　歴史と風土」『林業福島』（８）　公益社団法人福島県森林・林業・緑化協会

農商務省山林局編纂　１９１２年『木材ノ工藝的利用』　大日本山林会

八重樫良暉　１９８７年「特用林産物としての桐（山村振興と林地肥培）」『森林と肥培』（１３１）　日本特用林産振興会編集委員会

八重樫良暉　１９８９年『桐と人生』　明玄書房

八重樫良暉　２００１年「桐材の流通とキリの植栽」『山林』（１４００号）　大日本山林会

八重樫良暉　２００３年「南部キリとその活用」『山林』（１４３３号）　大日本山林会

八重樫良暉　２００５年「南部桐の用途開発と桐寝板の効用」『特産情報』27（４）（通号３１６）　日本特用林産振興会編集委員会

八重樫良暉　２０１６年「キリ」『地域素材活用　生活工芸大百科』　農文協

●さくいん●

《執筆者》

八重樫　良暉（やえがし　よしてる）故人／元岩手県特用林産振興連絡協議会参与
五十嵐　馨（いがらし　かおる）アイパワーフォレスト株式会社副社長
熊倉　國雄（くまくら　くにお）故人／元新潟県立新発田農業高校教諭
藤田　旭美（ふじた　あきみ）福島県三島町産業建設課　桐専門員
板橋　充是（いたばし　みつよし）会津桐タンス株式会社取締役管理部長
猪ノ原　武史（いのはら　たけし）桐乃華工房
高安　尚訓（たかやす　ひさのり）高安桐工芸

《桐材及び桐製品連絡先》

●苗木・桐原木ほか桐に関するお問い合わせ●

アイパワーフォレスト株式会社
〒969-7515　福島県大沼郡三島町大字川井字宮ノ上2359-2
電話　0241-42-7171

三島町産業建設課産業係
〒969-7511　福島県大沼郡三島町大字宮下字宮下350
電話　0241-48-5566

雄勝広域森林組合
〒012-0055　秋田県湯沢市山田福島開３７２－５
電話　0183-72-1197

●たんすほか桐製品●

会津桐タンス株式会社
〒969-7402　福島県大沼郡三島町名入字諏訪の上394
電話　0241-52-3823

●桐下駄、羽子板台木●

桐乃華工房（猪ノ原桐材木工所）
〒308-0122　茨城県筑西市関本上345
電話　0296-37-6108

●桐箱ほか桐製品●

高安桐工芸
〒315-0008　茨城県石岡市村上286-1
電話　0299-23-2601

●琴●

藤井琴製作所（福山邦楽器製造業協同組合事務局）
〒720-0002　広島県福山市御幸町下岩成735-1　藤井琴製作所
電話　084-955-5895

●桐紙●

板垣桐紙工業（板垣好春社長）
〒990-2231　山形県山形市大字大森576-36
電話　0236-87-4139

越前和紙の里の和紙メーカー　瀧株式会社（瀧輝夫社長）
〒915-0233　福井県越前市岩本町2-26
電話　0778-43-0824

地域資源を活かす　生活工芸双書

桐《きり》

2018年２月25日　第１刷発行

著者

八重樫　良暉
五十嵐　馨
熊倉　國雄
藤田　旭美
板橋　充是
猪ノ原　武史
高安　尚訓

発行所

一般社団法人 農山漁村文化協会

〒107-8668　東京都港区赤坂７丁目６-１
電話：03（3585）1141（営業），03（3585）1147（編集）
FAX：03（3585）3668　振替：00120-3-144478
URL：http://www.ruralnet.or.jp/

印刷・製本

凸版印刷株式会社

ISBN 978-4-540-17117-8
〈検印廃止〉

装幀／高坂　均
DTP制作／ケー・アイ・プランニング／メディアネット／鶴田環恵
定価はカバーに表示　乱丁・落丁本はお取り替えいたします。